北京服装学院
设计学论丛
丛书主编 贾荣林

未来语境中的首饰设计

WEILAI YUJING
ZHONG DE SHOUSHI SHEJI

宋懿 程之璐◎著

中国纺织出版社有限公司

内 容 提 要

设计学背景下的首饰研究，正逐渐从形式美学、工艺技巧、社会文化向科学性、交叉性、前瞻性的内涵拓展。诸多新兴技术的涌入丰富了首饰的价值属性与功能样式，亟须开放性的创新观念提供支撑。本书将设计过程置于未来语境中，将场景作为激发想象力的有效手段，以新兴的数字技术作为核心的创新媒介，构建出一套新的首饰设计理论与方法体系。本书撰写的目的在于激发设计师面向未来的创造力，重塑首饰的功能属性和价值意义。

本书的读者对象为首饰设计领域的研究者、首饰产业设计从业人员、高等院校首饰设计专业师生等。

图书在版编目（CIP）数据

未来语境中的首饰设计 / 宋懿，程之璐著．-- 北京：中国纺织出版社有限公司，2023.9

（北京服装学院设计学论丛 / 贾荣林主编）

ISBN 978-7-5229-0621-8

Ⅰ．①未… Ⅱ．①宋… ②程… Ⅲ．①首饰－设计 Ⅳ．① TS934.3

中国国家版本馆 CIP 数据核字（2023）第 094543 号

责任编辑：李春奕　　责任校对：江思飞　　责任印制：王艳丽

中国纺织出版社有限公司出版发行

地址：北京市朝阳区百子湾东里 A407 号楼　邮政编码：100124

销售电话：010—67004422　传真：010—87155801

http: //www.c-textilep.com

中国纺织出版社天猫旗舰店

官方微博 http：//weibo.com/2119887771

北京华联印刷有限公司印刷　各地新华书店经销

2023 年 9 月第 1 版第 1 次印刷

开本：710 × 1000　1/16　印张：9.5

字数：118 千字　定价：78.00 元

序

2020年我和程之璐老师想做一些新的尝试，把未来学方法引入首饰设计课程教学，经过长时间的讨论与实践，于2022年终见雏形。

作为北京服装学院首饰设计专业方向的教师，我和程老师长期从事数字技术与身体媒介相关的研究。我们有着共同的理念，希望通过多领域交叉拓宽首饰设计的可能性，在不同的语境下回答首饰还可以是什么。为了把技术、身体以及设计教学串联在一起，于是试着从未来这个话题出发，思考如何将不确定性转化为想象力，与学生们一起探寻未来首饰的样子。

“2019年联合国教科文组织国际教育局（IBE-UNESCO）发布指向未来的课程、素养及其实现的三份文件，面对未来的复杂情况，提出关于课程范式转变以及教学、学习和评价变革的新动向，让知识、教育和学习在应对未来的不确定性中发挥关键作用”。[1]在设计教学中讨论未来，响应了以素养教育为核心的课程范式转型，激发了学生想象未来、参与未来的主动性。我们帮助学生从看向未来的远见中树立学习的意义，拥抱陌生领域、掌握陌生技术、学习陌生知识，增强创造未知和新事物的勇气。在这个过程中，作为教师的我们也受益良多。

我们将教学过程中的知识、框架和方法进行了详细的梳理，陆续以教材、论文、展览等方式向外表达，寻求共识，收获反馈。这就是本书最初的写作动因。

首饰，是服装、服饰的重要组成部分，融合了文化、经济、科技等众多因素，是反映社会历史进程、人类精神风貌以及生活方式的独特载体。设计

[1] 冯翠典．联合国教科文组织指向未来的课程、素养及其实现的“三部曲”[J]．全球教育展望，2021，50(4)：3-15.

学背景下的首饰研究，包括形式美学、工艺技巧、社会文化等内容，随着新兴技术的涌入，其内涵逐渐向科学性、交叉性、前瞻性拓展，丰富了首饰原有的价值属性与功能样式，亟须开放性的观念提供支撑。

设计是有明确意图的创造行为，大部分设计过程都是面向现实的已知问题。如果设计的对象不是现实世界中已经存在的问题，而是针对一种可能性的预设，会对设计产生怎样的影响？这种非现实的预设对于当下又具备怎样的意义？把未来作为讨论的话题，能让设计师对可能产生的问题进行前瞻性思考，为适应外部环境的变化尽早做好准备，甚至推动设计师积极的创造变化。

谈及未来，人们会认为过于抽象，从而难以把握。随着未来学研究的发展，产生了很多具体、有效的办法，帮助设计师通过关注未来产生有价值的想法，这也是本书关注的重点所在。书中关注以下几个基本论题：第一，如何从未来视角看待设计问题？第二，哪些方法可以指导设计师更好地创造未来？第三，哪些观念是固化的？哪些观念可以被改变，甚至被重新定义？

书中将设计的过程置于未来语境中，结合未来愿景、设计思维以及首饰的人文特点，通过建构场景激发想象力，以数字技术作为媒介，讨论了一种新的首饰设计理念与方法体系，包括循环式的路径框架、创新工具以及效果评价等。全书分别从未来、身体、技术、方法和实践五个方面，串联成写作思路：第一章从设计学科视角，讨论了未来学研究的内涵，总结未来的时间特征，提出设计师关注未来的意义，以及鼓励人们借助未来学的语境分类方法，定位设计的价值与意义；第二章基于跨领域的身体研究，提出将身体作为探索的工具，从首饰设计的角度分析了作为穿戴对象的身体认知；第三章讨论了技术在未来的积极作用，以数字技术作为显示未来的媒介，在总结数字形态首饰特点的基础上，反思设计与技术的创新关系；为了加速创造未来的效率，在第四章提出了具体的设计路径与方法，在关键工具和评价模型的支持下，产生具体的创造性方案；第五章以访谈录的形式展示了新设计方法指导下的首饰创新实践，分享设计师们的未来愿景与创作感受。其中，我负责未来、技术、方法三个部分的撰写工作，程老师负责身体部分的撰写以及实践部分的整理工作。

未来语境中的首饰设计研究，超越了首饰自身的知识范畴，需要以更为包容、跨界、系统的方式给出新的首饰内涵注解，这也是撰写本书的艰巨挑战。作者在十余年的实践与教学工作中，始终坚持跨领域协同的设计理念，很多见解来自首饰与不同领域之间的“交叉接口”，在新的联系中找到首饰的独特位置。我们把首饰视为一种研究的媒介，努力促成它与各个学科领域的交互。希望通过与不同领域之间的碰撞，对当下的世界进行观察、研究以及深度思考，从而识别出有价值的设计问题。

总之，希望书中的内容能吸引越来越多的人参与到未来话题的讨论中，给出关于未来首饰的开放性回答。

宋懿

2023年3月5日

写于北京

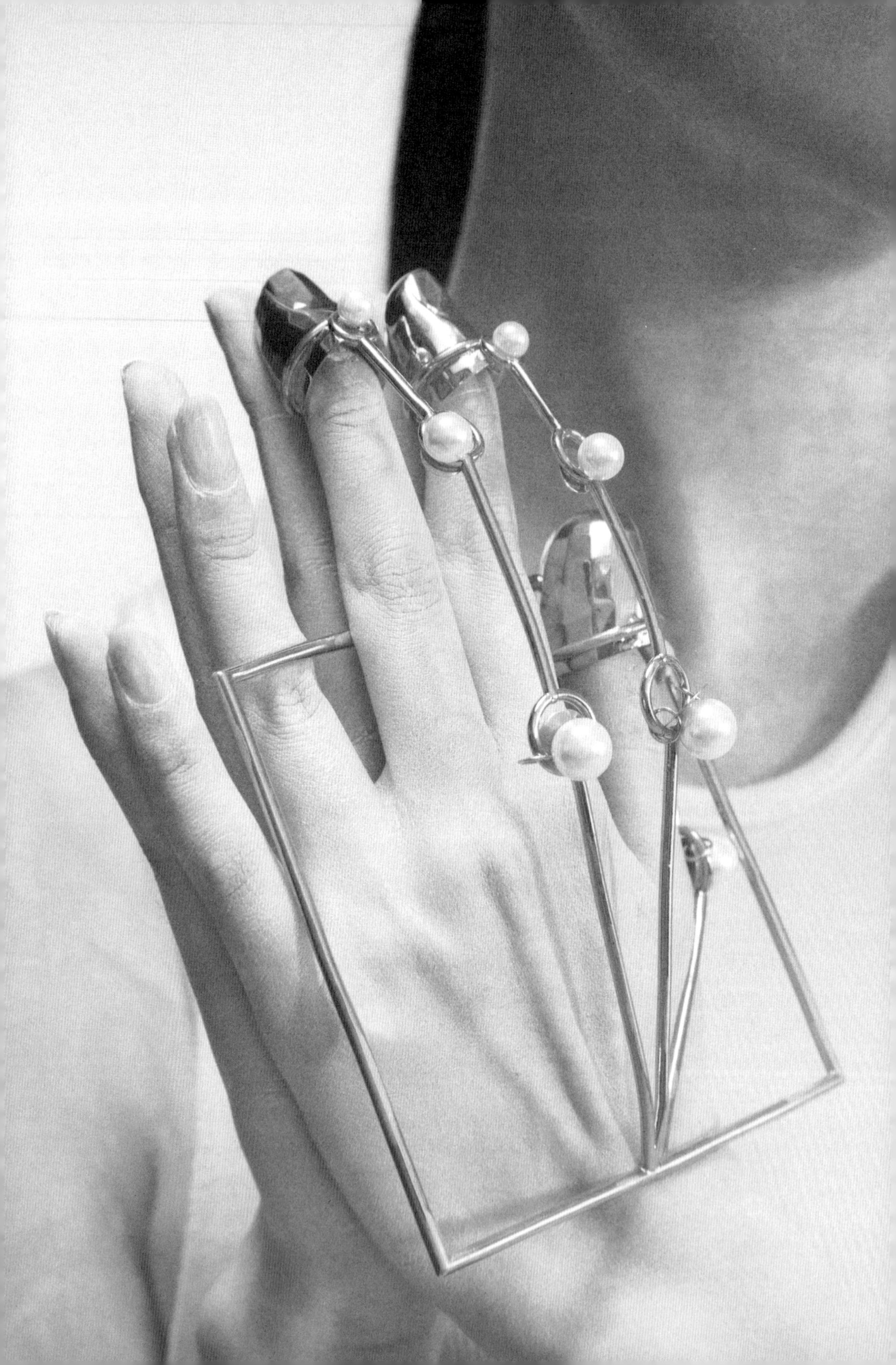

目录

第一章

设计的未来语境

第一节　未来语境的内涵　· 002 ·

一、未来的定义　· 002 ·

二、未来的时间特征　· 003 ·

三、关注未来的意义　· 004 ·

第二节　创造未来语境　· 006 ·

一、未来的分类方式　· 006 ·

二、未来研究的方法　· 007 ·

第三节　语境中的设计价值　· 012 ·

一、设计价值的变迁　· 012 ·

二、首饰社会价值的流动性　· 014 ·

第四节　未来想象力　· 016 ·

一、推测式想象　· 017 ·

二、飞跃式想象　· 018 ·

三、虚构式想象　· 019 ·

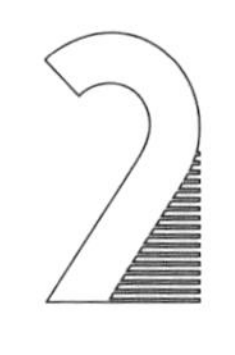

第二章

身体的实验探索

第一节　作为思想实验的身体　· 024 ·
一、身体的定义　· 024 ·
二、美学的身体　· 026 ·
三、改造的身体　· 028 ·
第二节　作为探索工具的身体　· 029 ·
一、身体实验的缘起　· 029 ·
二、身体实验的探索实践　· 031 ·
三、身体实验的意义　· 034 ·
第三节　作为穿戴对象的身体　· 034 ·
一、身体与首饰的关系　· 034 ·
二、首饰作为身体的延续　· 036 ·
三、身体穿戴的未来发展趋势　· 037 ·

第三章

作为媒介的数字技术

第一节　数字技术在首饰中的应用　· 042 ·
一、设计端的技术形式　· 042 ·
二、制造端的技术形式　· 045 ·
三、传播端的技术形式　· 046 ·
第二节　数字美学的特征分析　· 048 ·
一、数字技术的美学影响　· 048 ·
二、数字美学的审美过程　· 051 ·

三、数字技术的反思 · 053 ·
第三节 数字首饰的种类 · 054 ·
一、智能首饰设计 · 054 ·
二、生成首饰设计 · 055 ·
三、虚拟首饰设计 · 056 ·
第四节 技术媒介的内在化 · 063 ·
一、数字思维 · 063 ·
二、数字路径 · 064 ·

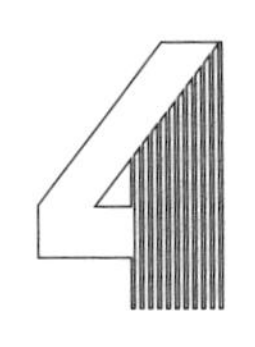

第四章

设计语境与方法

第一节 循环路径 · 068 ·
一、从探索到价值 · 069 ·
二、从叙事到迭代 · 070 ·
三、从实现到沟通 · 071 ·
第二节 典型工具的支持 · 073 ·
一、未来场景定位 · 073 ·
二、未来场景画布 · 075 ·
第三节 效果评价模型 · 078 ·
第四节 困难与挑战 · 081 ·
一、未来场景的系统观 · 081 ·
二、未来场景的虚构叙事 · 083 ·
三、未来场景中的知识创新 · 086 ·

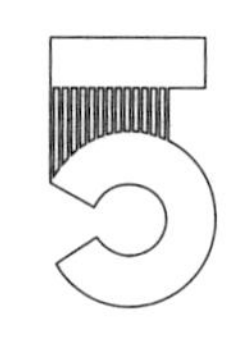

第五章

实践中的首饰创新

第一节　首饰与身体印记　· 092 ·
第二节　首饰与感官激发　· 095 ·
第三节　首饰与仿生形态　· 098 ·
第四节　首饰与社交游戏　· 101 ·
第五节　首饰与虚拟交互　· 103 ·

参考文献　· 106 ·

附录　首饰设计作品实例　· 109 ·

后记　未来素养教育　· 141 ·

致谢　· 142 ·

第一章 设计的未来语境

第一节
未来语境的内涵

一、未来的定义

未来是一个时间概念，指前方尚未经历的时间。时间是哲学和物理领域的经典命题，被视为人类社会发展的动力之一。关心未来源于人本能的好奇心，但随着科技的发展以及社会环境的变迁，人类面临着在经济、能源、文化、健康等领域的复杂挑战，人们开始通过研究未来应对复杂问题，把关心未来视为一种积极的心态，通过塑造未来的意识，提升把握先机的能力，让未来的发展更加符合预期。

在科技不发达的古代社会，不乏各种方式的占卜和预测，它们仅针对零散的具体事件，缺乏系统性。随着16至17世纪欧洲科学革命的出现，人类更加有信心掌握自己未来的命运，提出改良社会的方案。直至今日，对未来的研究始终将科学性视为重要依据，为人们有建设性地投身未来提供支撑。

理解未来的内涵，首先要理解过去、现在和未来的密切关系。未来不会无缘无故突然出现，任何预测都需要大量信息作为前置条件。未来以过去和现在为基础，是人们对目前所处状况的一种预期，呈现出规律性、预见性以及可追溯性。

对未来的理解取决于认知主体的知识基底与思维深度，由于主观认知的有限性和未来不确定因素的无限性，产生了一个看似难以逾越的“空间”。有人消极地把这个“空间”理解为难以跨越的鸿沟，但也有人积极地将这个鸿沟看作产生创造力的机会。

未来学作为新兴的研究领域，最早由德国社会学家奥西普·K.弗勒希特海姆（Ossip K.Flechtheim）在1943年提出，属于社会科学的一个分支。与设计学科不同的是，未来学研究所涉及的范畴更加复杂。未来学既是对技术进步、环境发展、社会趋势的综合性研究，也是帮助人类塑造多样化未来的一个重要途径。研究者们依靠对过去和现在的模式挖掘，分析变化背后的底层原因，探讨创造未来的途径、方法以及由趋势变革所带来的各种可能性，常用“具备远见”来描述自身的工作价值。

由于影响未来发展的因素较多，未来学被视为跨学科的研究方向。早期的未来学较多关注哲学范畴的思考，随着复杂挑战与复杂问题的增多，迫切需要科学、系统的方法，结合具体问题对研究过程进行指导。于是未来学研究逐渐与社会科学、自然科学相关联，并跟科幻文学划清了界限，刻意强调未来学研究和科幻文学之间的差别。与科幻文学相比，未来学是通过科学的研究活动，务实地探索未来，以便充分理解当下的需求与规划，做出合理决策。

未来学包含理论未来学和应用未来学两个不同的发展方向。理论研究关注预测未来的方法以及相关预测成果的分析。应用研究关注未来学与管理学、经济学、设计学等其他学科的交叉，将未来学的研究成果渗透到战略管理、决策规划、情境想象、用户洞察等具体内容中，形成未来管理、未来预测、未来设计等研究分支。未来学方法也在学术界之外的社会实践中发挥作用，例如推演工厂设计工作室（Extrapolation Factory）、Superflux和Design Friction等设计机构将设计思维与未来思维融合，在政府决策、社会服务以及前沿技术领域中指导实践，让创新行动具备远见。

二、未来的时间特征

未来作为一种独特的时间形式，具有显著的特性。

第一，未来具有不确定性。未来因为尚未发生，且超越当下，经常被描述为潜在的、可能的以及模糊的，所以未来是一种充满变化的时间形式。一方面，未来由很多部分构成，局部的可预测并不能涵盖所有的未来范畴。另一方面，时间跨度越大的未来不确定性越大，离当下越近的未来不确定性越小。由此可见，不确定性是一个动态变量，也是未来研究的基础指标。

第二，未来具有不均匀性。有人认为未来遥不可及且难以把握，有人却在不同的领域参与开创未来。未来跟每个人的“距离”，取决于人们看待未来的态度以及创造未来的能力。

第三，未来具有多样性。尚未发生的时间虽统称为未来，但是根据时间节点的远近以及可能发生的程度，未来可以被划分为不同种类。对未来种类的识别能够精准地定位目标、规划行为以及启发相对应的未来想象。

第四，未来具有可预见性。越容易被塑造的未来，越容易被预先判断，人们应该以积极的心态和实际行动影响未来，从而提升未来的可预见性。自然界赋予人类的时间经验具有循环性和不可重复性的特点，洞察了事物的演化规律，推测未来就变成了可被掌握的能力。

未来三角（Future Triangle）是一个简单、有效的未来学工具，用于描述未来的构成要素，呈现过去、现在和未来的关系。该模型最早由未来研究学者苏海尔·伊纳亚图拉赫（Sohail Inayatullah）教授提出，并在论文《六个支柱：未来思维的转型》（*Six Pillars：Futures Thinking for Transforming*）中进行了详细阐释。使用未来三角工具的目的是在预见未来的过程中掌握事件的整体情况，三个角代表三种含义的力，分别是当下的推力（Push of the Present）、未来的拉力（Pull of the Future）和历史的重力（Weight of the Pasts），三种力相互作用形成合理的未来空间。[1]未来三角工具不仅对过去、现在和未来的关系进行了解释，还可以为实例化的未来分析提供思考框架。当三种力达到平衡状态时，呈现出完美的等边三角形；当其中一个力发生变化时，会影响整个三角形的偏移角度，意味着未来方向发生改变。所以讨论未来并不是否定现在和过去。相反，现在和过去是认知和创造未来的重要基础。

三、关注未来的意义

在认识了未来的内涵与特征后，还需要回答关心未来的原因，以及未来与设计师的密切关系。关心未来可以满足人们的好奇心，思考未来的各种可能性，帮助人们在当下做出合理判断，把握潜在机遇。如果能较早地识别出变化，就可以避免意外情况的发生，减少不可控性，从而改善人们的未来处境。“没有执行的未来规划都是徒劳的，没有规划的执行都是轻率的。”[2]

“面向未来的实践越来越多地影响着设计学科。”[3]关注未来可以帮助设

❶ SOHAIL INAYATULLAH.Six pillars：Futures Thinking for Transforming［J］.Foresight，2008，10(1)：4-21.

❷ ROY AMARA.Views on Future Research Methodology［J］.Futures，1991，23(6)：645-649.

❸ RIVKA OXMAN.Re-thinking Digital Design［C］//A.ALI，C.A.BREBBIA.Digital Architecture and Construction.Southampton：WIT Press，2006：239-247.

计师获得方向、发现机会、激发灵感、制订计划以及验证想法。跟未来学研究不同，准确地预测未来并不是设计师的关注重点，而是在创造未来的过程中激发出新的想法，获得多样性的启发。设计师主动关注未来中的各种可能性，成为开创未来的参与者，借助主观想象的推动，让未来以一种可被感知、被体验的状态呈现出来。

未来趋势学家约翰·奈斯比特（John Naisbitt）在《定见未来：正确观察世界的11个思维模式》一书中表示："我们对未来的展望不是单纯的猜想，而是在特定思维模式的指导下，基于对现实分析得出结论，这些思维模式会提供一个框架，应用到自己所关心的领域之中，从而受益于未来。"[1]设计作为一种创新框架，是将解决问题的假设进一步实现的行为过程，积极地响应未来可以帮助设计师从未来中获益。人们从对过去的思考中获得知识和经验，从对未来的思考中可以获得想象与启发。设计需要立足于当下，把对未来的思考和对过去的思考结合起来。

设计的应用属性使未来研究不仅停留在学术理论层面，而是转化为实际行动，以物质化、视觉化、实例化的形式出现。在设计的过程中主动思考未来，可以跳出当下的思维惯性与条件局限，获得更广阔的想象空间。设计理论家、哲学家托尼·弗莱（Tony Fry）在著作《去未来：一种新的设计哲学》（*Defuturing: A New Design Philosophy*）中指出："未来研究会带来设计思维的范式转变，甚至产生一种新的设计哲学，即新的设计方向，让未来成为创造可持续能力的新工具。"[2]想象未来的过程是一种积极的社会性实践，意在推动当下产生改变，提醒设计师反思商业诉求和工业制造逻辑下的想象力"危机"。将未来学的研究方法应用到设计领域中，能够支持前瞻性的设计探索活动，同时结合不同的设计内容特点，进一步丰富和延伸未来研究的工具和方法。未来学研究中探索性的思考方式被引入以结果为导向的设计思维中，有助于设计师回答"想要去哪里"这个长期问题，以及回答"下一步做什么"这个短期问题。

[1] 约翰·奈斯比特.定见未来：正确观察世界的11个思维模式[M].魏平，译.北京：中信出版社，2018：17.

[2] TONY FRY.Defuturing：A New Design Philosophy[M].London：Bloomsbury，2020：2.

第二节
创造未来语境

一、未来的分类方式

未来作为时间概念，既有统一性，也有特殊性和多样性。未来研究学者通过把握未来形式之间的差异，对未来进行分类。未来锥是未来学研究中的常用工具，主要作用是提供一种特定的思考角度看待未来的多样性，定位主观改变未来的意愿。2017年约瑟夫·沃罗斯（Joseph Voros）在论文《大历史与预测：以大历史作为全球远见的框架》（*Big History and Anticipation*：*Using Big History as a Framework for Global Foresight*）中对未来锥进行了详细介绍。未来锥模型将未来划分为：无法预见的未来（Preposterous）、可能的未来（Possible）、合理的未来（Plausible）、可信的未来（Probable）、合意的未来（Preferable）。[1]德国未来管理学家佩罗·米西科（Pero Micic）在《五色管理学：掌控未来的顶级思维》一书中提到：可以将未来划分为意外的未来、可以想象的未来、想到过的未来、可能的未来、合理的未来、可能发生的未来、可以塑造的未来、可寄予期望的未来以及计划的未来。[2]

从设计学角度关注未来的种类，有助于定位出不同的设计语境和场景质感，有助于明确设计意图，把握设计目标。在诸多未来分类方法中，不同的未来相互嵌套，构成了复杂的未来层次。调控未来种类的尺度取决于真实发生的概率，以及距离当下时间的远近程度。

第一，距离当下较远、不确定是否真实发生的未来，可以形容为想象的未来、激进的未来等。该部分的未来范畴较为宽泛，超越常理的部分也纳入了可接受的范围。强调可想象、可被想到，主动忽略现实世界的客观条件和

[1] JOSEPH VOROS.Big History and Anticipation：Using Big History as a Framework for Global Foresight［M］//ROBERTO POLI. Handbook of Anticipation：Theoretical and Applied Aspects of the Use of Future in Decision Making. Springer Cham，2017：1-40.

[2] 佩罗·米西科．五色管理：掌控未来的顶级思维［M］. 郭秋红，译．北京：中国友谊出版社，2019：36-42.

限制。由于想象的成分更大，往往依靠虚构的方法和手段才能呈现，借此强化非合理部分的逻辑。

第二，可能会真实发生的未来，可以形容为可能的未来、潜在的未来等。“可能”代表着一定程度的预想、推测或者想象成分，所以这部分未来也具有较大的包容性。但跟前者不同的是，可能的未来会顾及当下的现实因素，强调未来对当下的影响，在一定合理性的前提下展开可能性的讨论。这部分未来既能超越现实逻辑，又容易让人信服，从而有利于沟通和达成共识。

第三，跟当下的距离较近且真实发生的概率较大的未来，可以形容为合理的未来、可信的未来等。该部分未来过于靠近当下，属于符合常理与发展规律的未来形式，是已有事物的线形延续，从而与大部分设计过程无明显区别。合情合理的未来依靠逻辑的推动，原因与结果之间保持着紧密的关系，缺少了想象力带来的惊喜。如果说不确定性是设计师产生创造力的空间，合理的未来显然缺少了这种空间。

描述未来类型的工作仍在持续，不同种类的未来边界是模糊的，相互叠加的，这一点在很多未来分类模型中都能被直观地感受到。我们鼓励设计师将符合常理作为前提，同时积极拥抱未知与不确定性。在第二种未来范畴中隐含着丰富的想象力诱因和较大的设计空间。在合理性与可能性相互嵌套、交叉的模糊地带，定位设计师参与未来的主观意愿。

除了可被感知的未来种类外，在人们看向未来的视野范围里，还存在着无法预见的、意外的未来。由于人对未来认知的有限性，未来学研究并不能覆盖所有的未知盲区，很多未来分类方法也意识到了这个问题，在模型的表述中都有所提及。但这种遗憾也激励着研究者们继续竭尽所能，在识别未来种类的过程中，不断归纳，持续填充，努力发展出更丰富的未来内容。

二、未来研究的方法

20世纪60年代初期，未来学的研究内容较多聚焦方法，为预测未来提供支持。有些方法陆续被替换，有些方法因具有较强的适用性而被引入其他领域，以解决问题为导向，得到了新的发展。未来研究的方法可以分为定量式、定性式、规范式以及探索式等。其中，探索式方法受到设计师的青睐，用于激发面向未来的创造力。设计师通过探索式方法展开对未来的分析和推测，从而产生有价值的判断与想象。

推演工厂设计工作室（Extrapolation Factory）专门研究协作式的未来设计，通过与知名机构、大学合作，开设未来产品设计工作坊，鼓励公众也参与到想象未来的过程中。未来推演工厂注重对设计工具和方法的研究，梳理了一套名为未来广度（Future Scope）的流水线模型并在《未来推演工厂操作者的执行手册》（*Extrapolation Factory Operator's Manual*）中进行了详细介绍。该模型由四部分组成：第一部分，从大量的实例数据库中选择若干个可能发生的情景；第二部分，将筛选后的信息进行技术、生态、社会、政治和经济五层切片的过滤；第三部分，开始编写故事；第四部分，利用材料制造实体化的产品模型。[1]

创造未来的行为被未来推演工厂描述为一个线性的发展过程，通过步骤的拆解，指导设计师的行为。在创造未来的过程中，需要找到启发想象的刺激因素，激发设计师的兴趣，提出自己的主观感受，想象可能会产生的新需求。刺激因素的来源有很多，例如新的趋势、某种技术的发展走向、不同领域的新发现等。这些刺激因素和启发性观点来自相关企业、研究机构、专业学者，是一种尽量接近客观的判断。接受了刺激后，设计师需要保持冷静，不要被突如其来的想象力冲昏头脑，应该理性地分析该刺激因素的影响力与合理性，建立多角度的过滤性评估。例如引发的想象是否足够科学，是否让人信服，是否会产生其他负面影响等。将想象输出为具体的场景，在场景里可能会产生的新的需求，从而引发出具体的设计想法。不仅要将设计进行可视化的呈现，还需要将其制作成实物原型，把假想的概念带到现实世界。由此产生的未来产品在现实环境中会产生奇妙的感染力，体验产品的人也会被激发出好奇心。

除了借助工作流程产生创造力外，还可以借助工具引导思考过程，获得设计未来的线索。未来轮（Future Wheel）是一种对未来展开图形化思考的可视方法，由未来研究学家杰罗姆·C.格伦（Jerome C. Glenn）在1971年提

[1] 该方法来源于 Elliott P. Montgomery 和 Chris Woebken 编写的非正式出版物《未来推演工厂操作者的执行手册》，美国，2016.

出，并在出版物《未来研究方法论》（*Futures Research Methodology*）中的第六部分进行了详细介绍。未来轮的具体用法是在组织好已知信息的基础上，将可能发生的趋势或者事件放在轮子的正中心，发散式地推演出第一个层级，即由这个趋势或事件引发的直接后果。后果内容可以是某种环境或行为的改变、社会运行方式的变化或者是认知方式的革新等，既可以是积极的后果，也可以是消极的后果。然后，由第一层级的后果引发第二层级的后果，后者要比前者更加微观，例如某个后果造成了某项具体需求的变化，或者引发场景细节的改变等。未来轮的层级可以无限延伸，引发的后果越来越具体，从而形成一个轮状的影响力蓝图。设计师从线性的思维方式转变为扩散性的网状思考，看到了各种可能性之间的因果关系。伴随研究的逐步深入，杰罗姆·C.格伦还在未来轮的基础框架下发展出了新版本的变体，以适应各种情况和应用目的。

想象未来的过程可以被干预和引导，研究者通过思考趋势或事件产生的各类后果，激发新的看法，用于制定决策以及评估管理效果，提前预测可能产生的后续影响。以趋势或事件作为起点，展开发散式地头脑风暴，可以更为具体地构想出潜在的可能性。区别于其他发散式联想，想象未来更加注重思辨和推演的效果，产生逻辑飞跃的同时保证可信度，既不能干瘪、无趣地罗列，也不能随意、生硬地编造。

结构式的发散想象，适合在团队中开展集体思考，是协作共创的有效思维工具，它可帮助设计师集思广益，团队成员之间彼此激发。趋势或事件引发的后果可以连续推演，每个被确认的后果都可以成为新的中心点，衍生出新的后果圈层。后果的罗列是激励思考的反馈机制，引导出不同的思考方向。设计师需要关注未来的长期影响，这种影响不会终止在某一个表层，而是以新的形式延续到更深的层次和更远的未来中。

在集体环境中开展这项工作，能收集到更多的想法，但需要参与者对推测结果的合理性进行审视和筛选。根据一致性原则，要得到每位参与者的认可，如果有人产生怀疑，可以将某个结果舍弃。这样的做法确保了推测的质量，防止出现太过随意的结论。开展集体式想象，需要尽量营造简单、轻松的环境氛围，有助于参与者积极表达不同意见。任何有潜力的趋势、观念、场景、事件都可以成为想象的起点，具有一定的灵活性。为了避免推演过程的主观，需要在大量研究调查的基础上开展工作，从而确保结论的客观性。

除了未来轮以外，自20世纪60年代起，情景描绘也是未来研究的常用手段。情景描绘作为一种思维工具，希望呈现更细节的未来图景。未来研究学家、卡耐基梅隆设计学院副教授斯图尔特·坎迪（Stuart Candy）开展了体验式未来的相关研究，并在2019年的未来研究杂志特刊《设计与未来》（*Design and Futures*）中结合实例进行了详细描述，着重强调设计在未来研究中的重要作用。体验式未来指提供给参与者身临其境的未来场景，以沉浸式的方法让参与者体会并引发思考。[1]

体验式未来的贡献在于，通过增加多元的研究视角，鼓励公众参与到共同想象的设计过程中，获得更加理想的创造性结果。设计师需要设定某种机制，激发公众的参与和交流，例如在一对一的访谈中，人们通过叙述的方式讲出对未来的憧憬或者担忧，表达心目中理想未来的样子。设计师以公众的叙述内容为基础进行二次表达，如提取、概括或扩展等，再使用可视化的方式，如动画、影像、实物等手段，呈现公众的未来想象。

由于未来并未真正发生，存在于人的意念和想象之中，并不能被直接体验，所以设计师的作用变得重要，通过概念、图像、文本等综合性的设计方案，让未来被更多人感知。在体验式未来研究的尾声，会有意识地让更广泛的观众接触到未来景象，举办展览邀请利益相关方参观，或者举办即兴戏剧积极创造对话交流的空间等。在展示过程中收集到的反馈会被随时记录，用于进一步总结和分析。

在体验未来的过程中，设计师扮演了双重角色：第一个角色是调查者，从参与者的详细叙述中发现有价值的信息；第二个角色是转译者，使用恰当的设计手段将公众对于未来的想法转化为经验场景，让未来可被看到、被感受以及被讨论。体验在公共领域展开，以此增加普通公众的参与度。于是未来景象不再是设计师单一的主观输出，而是尊重了大多数人的感受和意愿。

未来并不能被直接体验，因此，让看不见的事物被看到，让无形的、抽象的概念被感受，是未来研究的挑战。设计在应对这一挑战上能发挥重要作用，除了增加媒介的丰富性以外，在感知策略上也具备较大的发挥空间。所

[1] STUART CANDY, KELLY KORNET.Turning Foresight Inside Out: An Introduction to Ethnographic Experiential Futures[J].Journal of Futures Studies, 2019, 23(3): 3-22.

以体验式未来是一系列的行动框架和执行方法，重点在于制定完整的参与策略，让未来被有形化以及可互动。

除了斯图尔特·坎迪之外，来自荷兰埃因霍温科技大学的研究人员马尔腾·史密斯（Maarten Smith）以及相关的研究团队，从共享想象力的角度开展了体验式未来的研究活动，并发明了工具包，支持公众参与到想象未来的过程中。马尔腾·史密斯在论文《通过实体设计搭建共享想象力》（*Scaffolding Shared Imagination with Tangible Design*）中以“想象2050年的荷兰”研究项目为例进行了介绍。在项目中，不同类别、阶层的普通公众被邀请加入项目，通过研究团队提供的讨论工具，针对七个简短的未来故事进行反馈。这些故事是根据荷兰的当地政策和社会发展趋势编写的，故事的描述非常简单，参与者听完故事后，需要把自己设定为该故事中的某个新角色，继续延续故事情节，以自己假定的角色立场发表意见。[1]

参与式的体验未来能将抽象、难懂的概念渗透到日常经历中，以故事的形式拉近与参与者的距离，让公众成为未来的一部分，将自身的感受与未来情景联系在一起。简单的生活故事将有助于人们产生认同和信任。参与者的公众身份是多种多样的，呈现出立场的丰富性。探索未来的过程可以受到社交环境、方法和工具的影响，参与者们不是凭空想象，而是借助恰当的方法，影响想象的过程和想象的效果。上述创造未来的方法形成了想象未来、体验未来再到干预未来的发展线索，为设计介入未来提供了各种可能性。

[1] MAARTEN L.SMITH, SANDER VAN DER ZWAN, JELLE P.BRUINEBERG, PIERRE D.LEVY, CAROLINE C.M.HUMMELS. Scaffolding Shared Imagination with Tangible Design [C]// TEI' 21.Proceedings of the Fifteenth International Conference on Tangible, Embedded, and Embodied Interaction. New York: Association for Computing Machinery, 2021: 1-9.

第三节
语境中的设计价值

一、设计价值的变迁

设计是具有独特内涵的创造性活动，作为强调理解、交流和行动的综合学科，与人类、技术以及社会环境的战略需求紧密结合，为了适应并参与新的竞争，设计的意义和边界需要不断扩展。为了更好地解决复杂问题，设计通过融合先进技术和跨领域知识，以开放的状态，建立广泛的连接。设计需要在特定的语境中被认识，从而使用不同的行动框架。人们试图不断刷新设计的定义，扩展设计的内涵，建立新的概念范畴。

赫伯特·西蒙（Herbert Simon）在1969年出版的著作《人工科学》（*The Sciences of the Artificial*）中界定所有设计的东西都应被视为人造的而不是自然的。[1]理查德·布坎南（Richard Buchanan）的论文《设计思维中的棘手问题》（*Wicked Problems in Design Thinking*）认为设计是为解决棘手问题而开发的创新方法。[2]奈杰尔·克罗斯（Nigel Cross）认为作为独特的"设计性"活动形式，设计应与其他典型科学或学术活动区分开来。[3]

工业革命时期，设计以大规模制造和服务生活为目的，推动了生产机制的变革。设计的主要目的在于扩大消费需求，降低成本的同时追求利益最大化。随后，设计不仅关注有形的产品，还逐渐向无形的交互、体验和服务扩展。在多学科交叉协作和驱动广泛参与的基础上，促进组织创新，介入公共服务领域，在组织转型、企业战略设计中发展出了丰富的工具和方法，支持设计内涵的不断更新。2010年IDEO设计公司的执行主席蒂姆·布朗（Tim Brown）受新加坡政府邀请，讨论设计在国家层面的作用以及IDEO公司在创新政策方面的努力。由于政治、经济、文化等复杂因素的干扰，设计不能

---

[1] HERBERT A. SIMON. The Sciences of Artificial［M］.3rd ed. London：The MIT Press，1996：111-139.

[2] RICHARD BUCHANAN. Wicked Problems in Design Thinking［J］.Design Issues，1992，8（2）：5-21.

[3] CROSS NIGEL. Designerly Ways of Knowing［J］.Design Studies，1982，3(4)：221-227.

只关心本学科领域的问题，还需要更具包容性，加入新的知识内容与创新技能。未来随着人工智能、区块链、物联网等新兴技术的介入，将继续催生设计价值的更新，促进更广泛的设计协作与虚拟创新场域的建构，把设计不断推向新的价值高度（图1-1）。

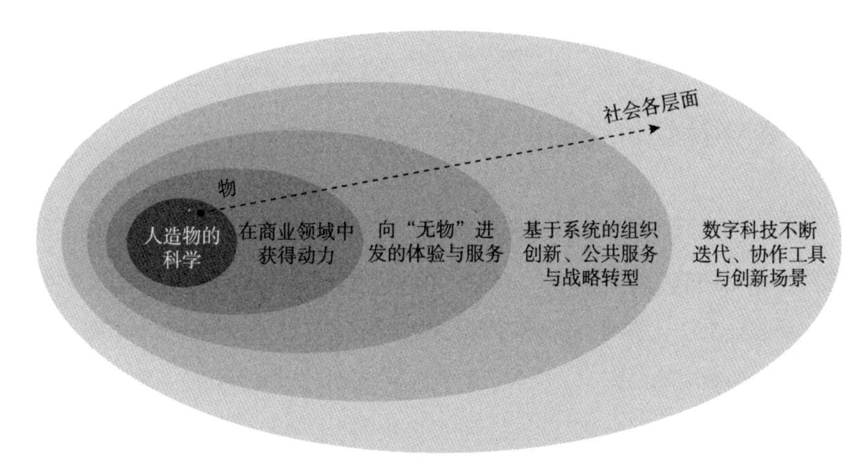

图1-1　设计边界与价值范畴的变迁

今天，设计已经从关注产品、服务发展为一套适用于广泛社会问题的复杂方法，为复杂问题提供解决思路，如可持续问题、教育问题、能源问题、经济问题等。设计在社会治理体系以及通过学科交叉推动社会创新方面能发挥创造性的作用。在新的时代背景下，设计学科需要重新把握学科的核心与边界，把设计实践放在国家和社会发展的总体框架中发挥作用，从商业语境向社会语境、再向未来语境过渡。

首饰作为一种小型的、个人化的装饰物品，似乎和宏大的社会命题无关。来自德国的普拉武·马祖达尔（Pravu Mazumdar）从哲学的视角阐释首饰，并在论文《首饰与杂糅：人性与未来珠宝》（*Jewellery and Hybridity*：*on Human Nature and the Future of Jewellery*）中描述了这样的事实：“首饰仍然被视为装饰的代名词，似乎总是在主流的理论话题中缺席，尤其是在哲学研究以及社会学研究的范畴中”。[1]但紧接着普拉武·马祖达尔从哲学角度出发，说明首饰中蕴含的思想性，并且进一步表明了他的观点和立场。他认为首饰远不止是制造者生产的、附着在身体上的、在社交活动中展示的物品，人们

[1] PRAVU MAZUMDAR. Jewellery and Hybridity：on Human Nature and the Future of Jewellery [J]. Junctures-the Journal for Thematic Dialogue，2016(17)：96-107.

还可以将首饰视为连接物体、身体、事件、组织的决定性部件，通过外观表达上述内容之间的相互作用，作为一种杂糅媒介，进行认知干预。首饰通过佩戴，与身体产生频繁的交互，作为一种特殊的主体形式，能够在解决“以人为中心”的问题中发挥独特而积极的作用。

二、首饰社会价值的流动性

首饰植根于人类再造自身形象的创造性行为，除了美化、装饰的基础属性外，在不同的时代背景下，首饰的社会功能、文化使命也有着丰富的表现。原始时期，人类通过身体装饰物与自然对话，形成早期的审美意识雏形，例如伪装成动物完成狩猎，在特殊部位装饰用于吸引异性，将兽骨佩戴在身上表彰勇气，在祭祀、巫术活动中，装饰物作为崇拜对象，被赋予神秘力量等。在古老的身体装饰行为中，首饰来源于自然界有限而平凡的有机体，被人们转化为特殊的象征性符号，不仅表明了人类对生存的渴望，也表现出对超越的渴望，即希望获得超越自我的能力和经验。

随着社会阶级的形成，首饰成为显示社会地位和个人财富的身份标签，在社会关系中充当规训的角色，形成了严格的使用规范。头饰、耳饰、颈饰、手饰等首饰种类，呈现出不同历史背景下的人文意趣。尽管如此，少部分人还是会通过不同的穿戴方式，表达对礼仪规范的叛逆以及另类审美下的时尚追求。❶

在中国古代，首饰与婚嫁礼俗紧密联系，是聘礼和陪嫁的重要组成部分，一直延续至今。首饰因多为贵重金属和宝玉石材质，具有极高的财富价值，在婚嫁以及各类重要场合中用于礼品馈赠。首饰的发展历程中还蕴含着手工技艺的流变，首饰丰富的形制、材料、寓意和装饰手段既能体现出佩戴者的涵养，也能够体现出手工艺历史的发展脉络。

步入现代社会后，首饰成为时尚消费品的重要组成部分，深入参与到人们的日常生活中。首饰在装扮、美化外在形象的基础上，具有了社交、收藏、事件纪念、寄托情感、时尚标签、辅助穿搭、财富象征等功能。首饰与

---

❶ 李芽，等．中国古代首饰史［M］．南京：江苏凤凰文艺出版社，2020：23.

服装一样，成为个性青年的“标配”，帮助消费者完成从内在向外在的展示，满足个人喜好和时尚表达。不同群体对首饰的需求、佩戴习惯以及消费方式截然不同，使之产生了各种风格样式迎合人们的兴趣爱好。首饰成为大众时尚文化的典型缩影之一。

首饰的消费属性并不能涵盖其在当代社会中的全部价值。我们可以转向更为深入的层面，探索首饰与社会发展的紧密关系。20世纪60年代，西方发起了国际当代首饰运动，诸多固有的首饰属性受到了挑战。首饰成了艺术家自我表现和展开批判性思辨的载体，重新思考人与首饰的关系，以及身体佩戴的可能性。在当代首饰艺术作品中，艺术家热衷于反思传统视角下首饰的材料、外观以及文化意义上的局限，通过观念丰富首饰的精神力量。艺术家们讨论的话题包括关注当代群体的行为方式、价值观以及社会环境的变迁，努力通过身体实践建立人、物、社会之间的和谐发展机制。于是，越来越多的创作者愿意去思考社会范畴的问题，关注社会现实，融入社会公共议题，将研究维度拓展到社会、文化的宏观环境中，让首饰在人与自然、人与社会的沟通中起到独特的调节作用。人们以艺术性的反思为核心，形成了观念首饰艺术的多元发展格局，艺术家从个体体验的角度不断向传统提出质疑。

首饰作为一个具有跨学科属性的研究主体，强调观念输出和形式上的自由。在众多首饰艺术家、设计师的共同努力下完成了传统首饰向当代首饰设计的转型，首饰逐步摆脱了传统价值的禁锢与束缚。21世纪随着科技的进步，智能可穿戴首饰、人工智能生成首饰、虚拟首饰等新设计形态层出不穷。设计师大胆诠释未来想象，用崭新的手段为话题赋予意义，把首饰从装饰属性中解放出来，带来更加多样的可能性与发展空间。

一直以来，首饰的价值属性都在流动变化，不同历史阶段下有着不同的形式表现。首饰作为具有明确功能目的的身体装饰品，受到时代特征的直接影响。一方面反映出社会生产力、物质文化的发展水平，另一方面蕴含着审美和精神内涵的多元表达。设计师需要在首饰的价值流动中识别出“变”与“不变”，即哪些为“常量”，哪些为“变量”，才能让首饰成为连接过去、今天和未来的重要因素。通过首饰设计开展面向未来的创新活动，需要具备一定的基础和条件，在充分认知首饰固有价值属性的基础上，开拓未来语境下的新“变量”，才能扩展出更多的启发与想象。未来语境中的首饰并非刻意追求标新立异，而是首饰的内涵以及首饰与人、环境、社会的关系不断在发生变化，而推动和塑造变化将是未来首饰设计研究的新常态。

第四节
未来想象力

想象作为一种心理过程，依赖复杂的大脑运作机制，是人类独特的经验和能力。在人类学、社会学以及哲学的领域视角中，对想象研究的历史十分久远。“想象作为一种创造力的体现方式，能将各种不同的因素组合在一起，从而激发新颖的认知。”[1]

当想象被视为一种技术形式时，通过设定具体的实施步骤和方法，可以在不同的应用场景中发挥作用。从设计学角度看，想象是设计师从事创造性活动的基本能力和心智状态，能够将看似不相关、不在同一条线索或同一时空中的事物链接在一起，成为一种流动性的思维过程。在设计活动中，想象力是一种隐含的存在，是在设计师头脑中产生的认知过程。

想象是驱动设计师产生创造力的一种积极的、综合的、超越现实的能力。对于事实的洞察，以及基于事实所产生的一系列设计想法都可以理解为想象力的体现。虽然设计是面向现实的问题解决过程，但仍然要依赖想象力产生有新意的解决办法。设计活动中的想象依靠现实和想象的综合作用，从而创造出并不存在的创新形式。想象依靠现实构建，再努力让想象成为现实。在这一进程中，现实和想象并不是对立的，而是彼此激发、相互交融。

在解决问题时，设计师倾向于快速找到一系列解决方案，然后逐一查看、分析以及测试。这一点跟科学家或工程师的工作方式不同，设计师往往追求较快速地产生令人满意的方案，然后通过不断迭代增加有效性。于是，发散式的联想力成为设计师的关键技能，创意过程也可以理解为想象

[1] 郑震. 论想象：一种社会学的概念化[J]. 广东社会科学，2022(3)：197-208.

过程。

设计需要解决的问题带有诸多不确定性，任何一个问题所处的条件和要素都处于无时无刻地变化之中，这就意味着可能存在多种潜在的解决方案。想象力支撑着设计师产生足够多的想法，帮助其获得有选择、可替代的方案空间。设计呈现出从发散到聚拢，从聚拢再到发散的循环思考过程，跳出盒子思考（Think out of the box）和头脑风暴（Brain Storm）成为设计师发散式想象的常用手段。从一种事物想到另一种事物，从一个视角转换到另一个视角，直到建立起对客体的全部认识。设计过程中的想象力可以有如下表现形式：发散式地获得多种可能性或解决方案；创造性地建立不相关事物之间的联系；在意识中形成从未知到已知的跨越、从宏观到微观的映射等。但是在未来语境中，仅依靠发散式的想象力不足以应对多样的未来形式与创新需求。

德国美学家沃尔夫冈・伊瑟尔（Wolfgang Iser）在其著作《虚构与想象：文学人类学疆界》中表示："想象力是多种多样的，可以分为理解能力、再构想能力以及独立的幻想能力。"[1]想象的不同形式由目标和需求所决定，对应沃尔夫冈・伊瑟尔的看法，可以将未来想象的种类分为推测式想象、飞跃式想象和虚构式想象。

一、推测式想象

想象是一种创造力的表现，但想象的过程较为模糊、不明确且过于主观化，往往被认为缺乏缜密的概括。未来是现在的一种延伸，同时受到过去经历的影响，所以未来是在已知信息触发下产生的一系列推断。所以推测式想象是创造未来的基础能力。推测式想象作为一种思维过程，区别于联想或者幻想，是根据已有的信息、假设或者前提，对可能出现的变化以及事物之间的联系，做出合情合理的预想，以推测的方式产生新的组合或变化。想象结论既要符合逻辑，又要符合情理。推测式想象虽然具有一定的主观性，但与

[1] 沃尔夫冈・伊瑟尔. 虚构与想象：文学人类学疆界［M］. 陈定家，汪正龙，等译. 长春：吉林人民出版社，2003：231.

其他想象类型相比，更加重视逻辑思考对想象质量的影响。

逻辑被视为抽象的思维规律和推理过程，包括三个重要因素，即前提、结论和推理规则，通过一系列前提得到结论，前提和结论之间属于推理关系。在逻辑推理的过程中，前提是已知状态，结论是新产生的结果。具备逻辑性的思维方式能把不同范畴、不同概念的信息要素组织在一起，形成相对完整的思想，让要素或内容之间的联系变得合情合理、清楚明白。建立在逻辑思考基础上的推测式想象，要求设计师能够理性地观察、比较、分析、概括、判断，有条理地记录以及缜密地表达思维。

跟大多数设计过程一样，设计师需要通过掌握已有信息和经验，在逻辑思考的指导下推断出潜在的解决方案，将抽象概念转化为具体对象，形成明确的设计方案，然后检验方案的有效性。所以，推测式想象是将设计置入未来语境的基础能力，设计师对未来可能产生的情景进行现实化模拟，通过有逻辑的联想，根据“已知”的过去和当下，推导出“未知”的未来。未来语境中的设计，需要有逻辑地思考人与物品的佩戴关系、行为关系以及情感关系，建立完整的叙事线索。用户在解读信息的过程中也需要逻辑的引导，才能识别出设计者想要传达的未来价值和创造意图。

二、飞跃式想象

想象可以是自发的本能行为，也可以是激进的意识产出。飞跃式想象与推测式想象相比，更能体现出这种激进性，指接受看似不合理或暂未被证实的事情，在出现确凿的事实证据之前，通过想象力弥合事实与意义之间的裂缝，形成合情合理的解释。飞跃式想象具备非线性思考的特征，不依照逻辑步骤，作为跳跃式的思考方式，从一种可能性跳转到另一种可能性。“想象是帮助人们完成从感性认识向理性认识飞跃的中介或中间环节，由于想象的动态性，使它在认识的飞跃中具有巨大的能动性。”[1]

依靠推测式想象，能够获得符合情理且意料之中的结果，但无法覆盖未

[1] 李锡海．想象在由感性认识上升到理性认识中的作用及作用方式［J］．国际关系学院学报，1995（3）：12-17.

来中的意外，即超越预期的部分。如果未来能够被人们完全掌握，也就失去了不确定性带来的空间和潜力。所以，在面向未来的设计探索中，需要飞跃式想象带来突破性的想法。

飞跃式想象具有较强的灵活性，不受常识、习惯和既有经验的束缚，区别于现有信息的线性逻辑分析，而是省略了某些中间环节，直接获得思维跃迁的结果。飞跃式想象需要强烈的批判性思维和独立意识，例如善于假设、逆向思考、抽象思考等。

设计过程中突如其来的灵感和创意，体现了飞跃式想象的偶然性，突然迸发的巧合常常用于形容飞跃式想象的思考过程。飞跃式想象具有一定的随机性，偶然显露或随机出现，造成了思维进程较难把握。于是，目标成了飞跃式想象过程的重要内容，用于过滤和筛选想象结果。无意识不可控和有意识目标之间的平衡是飞跃式想象获得良好效果的关键。虽然飞跃式想象能够产生较强的创造性结论，但仍要努力平衡无意识和有意识之间的关系，在现实性、操作性以及有效性上尽力把握。通过采用可视化的方式呈现信息和要点，引导设计师刻意搭建信息之间的关联关系，促进产生积极的想象是较为有效的办法。获得想法后，还需要制定筛选机制，对结论进行慎重的分析和评估。所以获得想象并不是飞跃式想象的最终目的，获得有效的想象才更为重要。

推测式想象的思维过程易于理解，能够获得逻辑上的合理依据。相比之下，飞跃式想象更加活跃，所以难以把握。各类不相关的因素并存，再以某种方式洞察其中的关联，让思维发生突变，获得意外的结论。这个意外的部分可以观照未来的不可预测性以及不确定性，成为推测式想象的必要补充。

三、虚构式想象

虚构是科幻小说的常用方法，文学家通过构建平行世界形成对现实世界的反思。在以解决问题为主导的设计思维过程中，是以合理为前提产生的一系列假设，再对假设进行反馈与求证，所以设计过程本身带有一定程度的虚构属性。设计师用丰富的想象力开展链接诸多设计要素的知识创造活动，并且在过程中模糊了事实和虚构的界限。在大多数设计中，设计师会受到现实世界的诸多限制，如无法获得足够的资源、无法掌握充分的信息等。在未来设计中刻意强调虚构的贡献，意在鼓励暂时忽略现实条件下的种种限制和困难，让关注的重点不再是合理的前提，也不再是输出结果的绝对正确。由于限制性较小，虚构式想象更容易获得突破性想法，产生多样化的贡献。虚构作为一种激发想象力的思考方式，能够用于审视、描绘潜在未来的可能性，并成为有效的设计方法，改善设计的思考过程，通过假设、批判和反思创造未来。

朱利安・布利克（Julian Bleecker）指出："当设计、科学、事实和虚构交织在一起时，就形成了被称为设计虚构的实践，希望它能提供不同的、不受约束的方式来设想新的环境、人工物品和实践。"[1]设计虚构是通过原型和故事驱动新想法的设计过程。故事是虚构的起点，意在引出未来世界的诸多细节，成为设计过程的重要组成部分。与此同时，强调依靠原型构建故事的逻辑，让未来世界的细节可被感知。与科幻文学不同，设计学视角下的虚构，注重作为对象的物或者原型在故事中的意义和作用，即如何围绕物或原型叙述未来故事。

玛丽安娜・塔马希罗（Mariana Tamashiro）在面向青少年讲授机器学习技术的课程中做了类似的尝试，不仅教授学生如何操作的技术，还希望通过虚构设计方法，引导青少年反思技术对社会产生的相关影响。作为一种有趣的学习方式，老师提供了一个背景信息和想象来源，以故事的形式讲述给学生听。每位学生作为地球代表，需要执行一项秘密的太空任务。学生在这个故事背景的基础上，继续编写和虚构故事细节，创建故事中的关键角色，设计角色和技术之间的互动关系，反思技术对故事角色的影响。在虚构的故事中，学生将自己的观点和技术紧密结合，通过制作实物原型推进故事情节。在教学过程中，学生表现出了对机器学习技术的浓厚兴趣，感受到原型在故事中的重要作用，显得非常兴奋且充满收获感。[2]在这个案例中，虚构作

[1] JULIAN BLEECKER. Design Fiction：A Short Essay on Design，Science，Fact and Fiction [J/OL]. California：Near Future Laboratory，2009.https：//blog.nearfuturelaboratory.com/2009/03/17/design-fiction-a-short-essay-on-design-science-fact-and-fiction/.

[2] MARIANA TAMASHIRO，MAARTEN VAN MECHELEN，MARIE-MONIQUE SCHAPER，OLE S.IVERSEN. Introducing Teenagers to Machine Learning Through Design Fiction：An Exploratory Case Study [C]//IDC' 21：Interaction Design and Children. Greece：Association for Computing Machinery，2021：471-475.

为一种促进想象的教学方法，在教授技术对社会的潜在影响方面发挥了积极作用。

设计虚构的质量评估包含多种角度，埃里克·鲍默尔（Eric P.S. Baumer）等人在论文《评估设计虚构：工作中的正确工具》（*Evaluating Design Fiction：The Right Tool for the Job*）中专门讨论了不同的评估框架。由于设计虚构的服务目标和应用场景不同，存在异质性，所以采用了同行专家评审的方式，收集多位专家对不同设计虚构研究成果的主观评价。经过埃里克·鲍默尔等人的整理，得出设计虚构的评价质量角度，包括采用了哪些批判式的研究方法，这些方法是不是足够新颖，用户是否被边缘化，是否过度理想主义，是否过分重视文本写作，能否将抽象化的虚构转化为更为具体的设计建议。论文认为设计虚构的目的是多样的，无法通过一套规范的标准或者完整步骤评估质量和效果，不同形式的设计虚构提供了不同类型的想象价值，埃里克·鲍默尔等人只是尽可能地呈现差异化的视角和框架。[1]

设计师将现实作为参考坐标，积极创建虚构的故事世界，然后在虚构的情境中进行设计，帮助设计师拓宽创新思路。虚构作为产生叙事的方法，主要目的不在于创造知识，而是促成某种潜在的、可能性的提议。在设计的过程中，需要管理好虚构的程度，平衡好现实与虚构的关系，从而产生积极的设计贡献。虽然设计师是虚构的主体，但大众也可以参与到虚构的过程中，成为虚构设计的关键因素，通过激发大众视角的未来想象，更好地理解用户的需求与愿望。

面向未来的设计过程包含了推测式想象、飞跃式想象、虚构式想象的诸多特点。由于未来的种类多种多样，根据设计师定位的设计价值不同，可以借助不同的想象方法获得支持（图1-2）。无论是推测式想象、飞跃式想象还是虚构式想象，都可以不同程度地促进未来景象的创建。三种想象方式在多样的未来种类中按照不同的比重彼此交融，各有差异的同时又互为背景。三种想象没有先后、难易之分，都是在不同的思考维度上启发未来设计的有效手段。

[1] ERIC P.S. BAUMER，MARK BLYTHE，THERESA JEAN TANENBAUM. Evaluating Design Fiction：The Right Tool for the Job［C］//DIS '20：Proceedings of the 2020 ACM Designing Interactive Systems Conference.Eindhoven Netherlands：Association for Computing Machinery，2020：1901–1913.

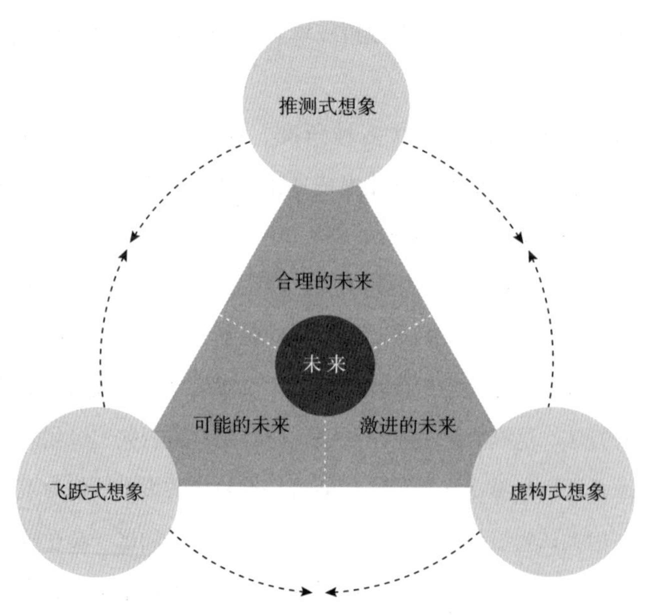

图1-2 未来想象的分类

想象本身是开放和中性的，由于刺激媒介的不同，想象的属性随之产生变化。推测式想象、飞跃式想象和虚构式想象借助了不同的外部激活因素，影响了想象的方法、过程和结果的状态。不同的激活因素以不同的方式推动想象，推测式想象的激活因素来源于当下，是对当下的合理推测。飞跃式想象的激活因素来源于两种或多种相关性不强的要素或信息，通过产生新的联系获得突破。虚构式想象对于激活因素的依赖性较弱，是以目的为导向的独立式幻想，属于现实世界的重建。三种想象在合理性、说服力、弹性以及突破性上各有差异。推测式想象的合理性、说服力较强，但是缺乏弹性和突破性。相比较下，飞跃式想象能够获得较好的突破性效果，虚构式想象具有较强的弹性以及想象空间。三种想象力虽各有差异，但都属于想象力运作机制的成果范畴。设计师面临的未来问题是复杂的，针对不同的阶段，需要三种想象机制的相互作用。

在想象过程中，由于激活因素的内容和属性不同，意味着需要不同的方式进行干预。在书中的第四章节讨论了一种激活未来想象的设计方法。该方法将穿戴在身体上的首饰作为激活因素，将场景作为显示想象的媒介，通过一系列的创新工具引导想象过程，使首饰在多种想象形式交融的设计活动中获得新的发展。

第二章

身体的实验探索

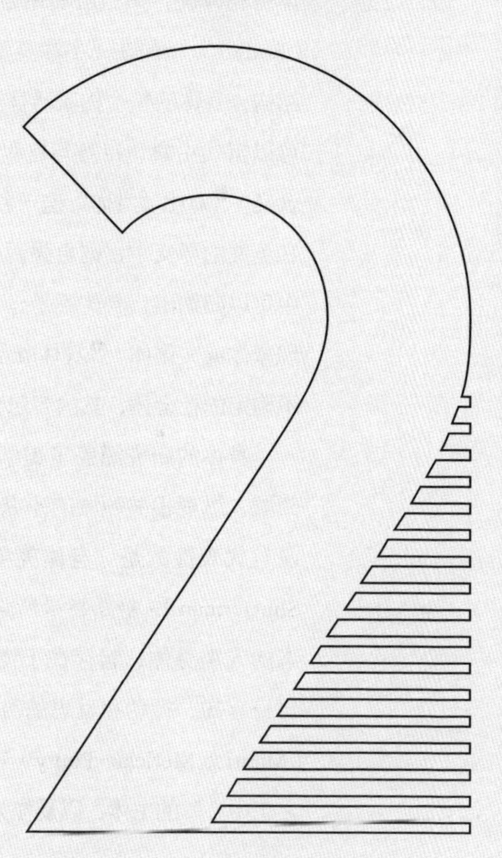

第一节 作为思想实验的身体

一、身体的定义

身体是人类艺术的永恒话题，同时也是人类不断探索的主题之一。在《辞海》中将身体的定义分为三层：第一层指人或动物的全身，第二层包含体格和体魄，第三层则是亲身履行，比如身体力行等概念。[1]此外，“身体（Body）”一词在《牛津英语大词典》中的定义是人或者其他动物的物质和结构，身体的整个物质器官被视为有机的实体。[2]古代中国人眼中的“身体”可以指代生命、自身与自我，“身”和“体”涵盖了物质体和存在者的双重含义。[3]对比“身体”这一名词在中英文中的释义，中文强调了亲身体验；而在英文的释义中，则更强调身体的生命属性与生死状态。因此，从以上定义中可以归纳出，身体不是一个简单的有机体或生物体，而是一个复杂的多元现象体或文化体。[4]身体既是具体的、物质的生命体，同时也是一个流动的、不确定的社会体，其内容包含了身体力行的感知、体验与经验。

身体的研究涵盖了美学、心理学、哲学、社会学、人类学、工程学等领域，纵观相关领域的研究学者，分别从不同的视角出发论述了身体概念。最有代表性的是“身体美学”理论的开创者理查德·舒斯特曼（Richard Shusterman），舒斯特曼所强调的“身体”是“活生生的、感觉灵敏的、动态的人类身体，它存在于物质空间中，也存在于社会空间中，还存在于它自身感知、行动和反思的努力空间中。”[5]法国哲学家莫里斯·梅洛·庞蒂（Maurice Merleau-Ponty）在《知觉现象学》中提出的身体则是“我们体验之正中心”的主体，以及作为世界中被感知到的客体。[6]此外，美国心理学之

❶ 夏征农，陈至立．辞海［M］.6版·上海：上海辞书出版社，2009：5585.
❷ 特朗博，史蒂文森．牛津英语大词典［M］. 上海：上海外语教育出版社，2006：456-457.
❸ 欧阳灿灿．当代欧美身体研究批评［M］. 北京：中国社会科学出版社，2015：2-3.
❹ 王晓华．身体美学：回归身体主体的美学——以西方美学史为例［J］. 江海学刊，2005(3)：9.
❺ 理查德·舒斯特曼．身体意识与身体美学［M］. 程相占，译．北京：商务印书馆，2011：11.
❻ 梅洛·庞蒂．知觉现象学［M］. 杨大春，张尧均，关群德，译．北京：商务印书馆，2021：105-112.

父威廉·詹姆斯（William James）强调事物围绕着身体，正是从身体的角度才能真正感受到事物的存在。他认为“被体验到的世界一直来自我们的身体体验，我们的身体是这个世界的中心：视觉中心、行为中心、兴趣中心”。[1]本书认为，人在世界中的存在，是通过身体这一媒介得以实现的。除了生物性的躯体之外，身体的概念实际上还包含了主体与客体、实体与虚体、感知与体认的具有流动性的“生命存在体”。

身体作为“生物躯体”与“社会系统”的混合载体，涵盖了众多研究领域与探究维度。每个人都拥有身体，从不同的身体出发投射出的世界大相径庭，也正是这些迥别的认知共同构建了人类的“身体”。从不同的视域出发解读身体，可以剖析出诸多身体认知的内涵。比如，从生物体层面看，身体包含了躯体与器官、皮肤与毛发、人体解剖、性别差异等概念；从感知与体认层面解读身体，则包含了个体独有的感官知觉与情绪意识；通过身体进行记录的方式，涵盖了绘画与雕塑、拍摄与影像等；从运动的角度出发，则包括肢体表演、舞蹈和体育相关的动态姿势；从文化的角度推测身体，则包含了礼仪与规训、身份与符号等通过身体传递出的语言和信息；从人际关系的角度解读身体，内涵包括了情侣、亲属以及陌生人之间的关系；从身体延伸的维度出发，则包含了身体与身体之上的“物”之间的关系；还可以通过现象学中的建筑场域探讨身体与空间、身体与环境之间的关联。

身体是当下艺术学与设计学语境中的重要议题，具有跨学科交叉的研究与实践属性，逐步成了当代服装与服饰设计研究的关注热点。不同学科领域对于身体问题的研究侧重点有所不同：“艺术史研究注重‘身体化’的当代走向；时尚变迁的社会理论开始反思‘身体化’的思想根源和社会意义；文化研究则注重时尚中身体的审美文化与价值意义；当代时尚研究正在由从心灵出发的研究走向一种从身体出发的研究。”[2]

近年来，越来越多学校和研究机构开始重视身体研究，开展以身体为线索的课程教学和科学研究，尝试将身体作为探索工具与材料启发设计创新。作为首饰设计背景下的身体研究，需要从自身品类的特点出发，跨学科构建理论方法和实践手段。各领域科学技术的迅猛发展带来激增的信息量与感性

[1] 威廉·詹姆斯．彻底的经验主义[M]．庞景仁，译．上海：上海人民出版社，2006：86.

[2] 齐志家．时尚与身体美学[M]．北京：人民出版社，2015：2.

刺激，设计师需要具备身体审美的敏感性，以便更好地应对未来变化。

二、美学的身体

梅洛·庞蒂认为："世界的问题，可以从身体的问题开始。"[1]身体是人与人、人与社会发生关系的介质，身体启发了我们对世界的认知，同时也操纵了我们获取认知的方式。理查德·舒斯特曼在《实用主义美学》中率先提出了一个"以身体为中心"的学科概念称为身体美学，包含分析、实用主义以及实践三个层面。[2]舒斯特曼将身体美学定义为"一门兼具批判与改良双重性质的学科，身体美学将身体作为感性审美欣赏与创造性自我塑造的核心场所，并研究人的身体体验与身体应用。"[3]舒斯特曼认为身体是一个感性审美的场所，而身体美学则是围绕着身体展开的体验与应用研究。在舒斯特曼看来，身体不仅仅是生物学意义上的肉体，更是审美知觉与经验紧密结合的身体。因此，身体美学不只是关于身体的美学，即关于身体外表的美化问题，更是从身体出发的美学，关乎身体意象的审美化问题。

事实上，身体的美学意象早已影响了人们的生活，过于理想化的身型容貌充斥在平面杂志里、电视荧屏中以及路边的广告牌上。平面广告通过拉长模特的腿来惹人注目，人们通过观看T台上的模特获得视觉愉悦感，年轻人痴迷于在社交平台上大肆分享美化后的自拍图像，艺术家们则痴迷于进行抽象的人体绘画与雕塑创作等。人们试图通过各种各样的方式美化身体的外在形象，以构建出理想中的身体意象。"我们文化的身体意识被过度地导向这样一种意识：如何把身体容貌修饰得符合固定的社会标准，又如何按照这些模式把身体修饰得更加引人注意。"[4]然而，这些超越真实的身体意象影响了我们看待他人的感受，同时也影响着我们如何看待自己。

那么是什么驱使人类创造了这些并不真实的"身体意象"呢？早在人类

---

❶ 梅洛·庞蒂．知觉现象学［M］．姜志辉，译．北京：商务印书馆，2001：119.

❷ 齐志家．时尚与身体美学［M］．北京：人民出版社，2015：17.

❸ 理查德·舒斯特曼．身体意识与身体美学［M］．程相占，译．北京：商务印书馆，2011：33.

❹ 理查德·舒斯特曼．身体意识与身体美学［M］．程相占，译．北京：商务印书馆，2011：18.

诞生之初的史前时代，我们的先祖就已经开始了对身体意象的追问与谋划。[1]旧石器时代的“维伦多夫的维纳斯”是最早被“抽象化”的身体，基于原始的生殖崇拜，维纳斯雕像突出了极为壮硕丰满的胸部、腹部、臀部和大腿。维纳斯雕像象征的是多产与母性，从它精致的雕工中可以推测出这是一件用心设计而成的雕塑。雕刻师通过故意放大女性的身体部位和特征，来反映远古人类对多子多孙与丰腴体态的渴望。

随着游牧时代的结束，公元前五千年的埃及人成为最早使用“身体意象”的定居民族，追求一贯性和持续性的古埃及人提前绘制好纵横的格子，按照高19格、脚1.5格的精确比例进行扁平化的人像绘制。不同于埃及文明，两千五百年前的古希腊人崇尚哲学与数学，具有信奉神明的文化价值观。跟埃及人重视秩序和严谨不同，古希腊人注重追求“真实的身体”，例如崇尚运动员式的、健康完美的体型和身材，相信只有这样才能更接近神。因此古希腊时期的艺术家们不断追求逼真写实的人体雕像作为神明意象，通过研究人体比例、人体构造等细节，雕刻出精细的五官及肌肤。

直到古希腊人首度创造出了完全逼真的人体形象克里提奥斯少年（Kritios boy）后，人们逐渐不满足于写实风格，雕刻家们尝试通过“合乎法则”的改造，夸大脑部对于身体的审美反应。比如雕刻家兼数学家波利克莱塔斯（Polyclitus），开始研究具备“规则”的身体理论，梳理出人体解剖学与人体美学的典型特征。后来的希腊雕塑都按照波利克莱塔斯的理论，将雕塑尽可能地写实还原，但又超越真实的身体，将肌肉、身体比例等重点部位进行夸张放大。

实际上，人类的身体美学意象除了受到文化的影响之外，还具有喜欢夸张的原始本能。随着现代社会趋向多元化，人们想要夸张的事物发生了改变。例如，动漫中夸张的人物形象，它将我们引导到人体的终极状态；T型伸展台上的模特，秀出的是常人难以企及的身材比例；服装通过显露出重要的部位来吸引眼球等。

[1] 蔡淑娟．身体，抑或观念？——史前考古学证据与造物表现［J］．装饰，2016，284：110.

三、改造的身体

装饰是人类的天性，“首饰”一词在现代英语中直译为Jewellery，其词源中来源于中世纪英语“Jeuelrie”和古代法语“Juelerye”。广义上来说，首饰泛指一切与人体有关的佩饰，甚至是意义上与身体有关的物品；狭义上的首饰，是指具备一定材料和工艺，对身体特定区域有一定装饰作用的物品。[1]事实上，当代语境中的“首饰”或是“配饰”已逐步发展为身体穿戴物的代名词，“我们认为人体装饰包括所有人的外表形态的修饰，例如文身、置疤、发型、蓄须、扯毛、戳耳孔以及其他整形外科首饰。”[2]然而，有些穿戴物已经超越了装饰身体的功能，而是通过“物”来进行身体改造与重塑，突出身体局部的存在感，引起观看者对身体的重视。

在人类发展的历史长河中，许多文化都对身体进行了各种各样的改造，并将这样的身体改造转化为“自我形象”的塑造。比如人类历史上最早出现的身体改造可以追溯到公元前8700年的苏丹和埃塞俄比亚，当地女性有拉伸唇部戴唇盘的习俗；缅甸的卡央族通过金属线圈来拉伸女性的颈部；非洲一些原始部落将伤痕仪式作为男性的成年礼仪式；印度尼西亚的一些部落认为磨尖的牙齿代表美；在中国古代，也有流行了近千年的缠足习俗；而紧身胸衣则是16世纪西方最为盛行的修饰身体的工具。

在过去，人类通过“物”进行身体的装饰与重塑，而现代人的身体改造更是无处不在的。化妆是最常见的面部改造方法，通过化妆品对面部进行即时性改良，满足人们改善面部的需求；越来越多的爱美女性甚至男性，选择通过医疗化的整形手段进行身体的改造。此外，不少追求时髦的青年人将自己身体作为画布，将喜欢的图腾附着在身体之上的方式，以此来彰显个性。

对于身体有残缺的人来说，通过现代技术进行身体改造如同赋予了他们新的生命。美国残奥会短跑冠军艾米·穆林斯（Aimee Mullins）在婴儿时期就截掉了膝盖以下的小腿，她学习依靠假肢走路和跑步，并与艺术家和科学家合作了12双兼具时尚感与功能性的义肢。被誉为“踩在命运高跷上的女人”丽莎·布菲诺（Lisa Bufano）是一位失去了双腿与手指的舞者，她将自

[1] 王克震．摩登原始人：首饰在当代艺术语境下的嬗变［J］．新美术，2017，11：93-98.

[2] 玛里琳·霍恩．服饰：人的第二皮肤［M］．乐竟泓，杨治良，译．上海：上海人民出版社，1991：12.

己的身体作为创作的材料，通过穿着像蜘蛛一样的高跷义肢，利用不同媒介呈现身体的多种形态。

现代技术的发展除了为身体穿戴带来创新的视觉体验外，也在应用功能层面带来了新的影响。活跃在世界舞台上的行为艺术家史蒂拉（Stelarc）主张将技术侵入身体。他通过手术将一个具有互联网通信功能的人造耳朵植入手臂，以此获得超凡的视听体验。患有全色盲症的内尔·哈维森（Neil Harbisson）将假体植入自己的头骨，通过将颜色转换成声波感知色彩。此外，罗布·思朋斯（Rob Spence）创作的"机械眼"、利维乌·巴比兹（Liviu Babitz）在身体植入的"指南针"芯片等，都试图将身体与机器深度结合，与外界进行体感化交互。从以上案例可以看出，先锋的实验者们一直致力于探索身体穿戴、设计和技术之间的新关系。他们将自身的身体作为实验工具、材料和对象，通过技术使用身体、改造身体，甚至"创作"身体，来达到装饰身体的目的。

第二节
作为探索工具的身体

一、身体实验的缘起

正如现象学大师胡塞尔（Husserl）所说："身体是所有感知的媒介"[1]。身体作为人类感知世界的第一视角，身体体验在某种程度上帮助了人类构建与世界的联系。马歇尔·麦克卢汉（Marshall McLuhan）在其著作《理解媒介》中提出："媒介即人的延伸"[2]，他认为"一切媒介均是感官的延伸，感官同样是我们身体能量上的'固持的电荷'，人的感觉也形成了每个人的知觉和

❶ 理查德·舒斯特曼．身体意识与身体美学［M］．程相占，译．北京：商务印书馆，2011：13.
❷ 马歇尔·麦克卢汉．理解媒介：论人的延伸［M］．何道宽，译．南京：译林出版社，2019：30.

经验”[1]。在他的论述中，媒介是人的感觉和感官的延伸，这里的“媒介”实际上是广义的概念，比如说交通工具是腿的延伸，望远镜是视觉的延伸，电话是耳朵和嘴的延伸，电视和电脑等多媒体是人的视觉、听觉和触觉能力的综合延伸。可以说，身体是混合媒介的聚结物，包含了诸如眼、耳、四肢等感觉形态。美学离不开对身体感性形式的认知，“美学之父”亚历山大·戈特利布·鲍姆加登（Alexander Gottlieb Baumgarten）称美学是“感官感知的科学”[2]。设计师围绕身体展开的设计研究与美学探索，实际上都是从人的感知和感官延伸出来的，是具有功能属性的工具，或是具有美学属性的装饰道具。通过身体进行探索性实践，能够提高人的感知能力和感官意识，从而提升审美。

身体是表达自我的工具，也是个体与周围物体、环境互动的基础媒介。事实上，人们很早就认识到了身体媒介的重要性。人类学家马赛尔·莫斯（Marcel Mauss）提出“身体技术”学说，他认为“身体是一个人最初的也是最天然的工具，或者更确切一些，不用工具这个词，身体是一个人最初的和最天然的技术对象，同时也是人的技术手段。”[3]在他的观点中，身体是被文化所塑造的，而身体技术是后天学习和训练的结果，也是社会文化在身体之上的表现。不仅如此，身体是多层次、多维度的，它不仅是天然的、自然的、物理的有机体，更是承载着文化、技术、经验的产物。因此，我们需要认识身体，通过感知、体验和使用身体，来增加不同的身体经验，探索出“以身体为中心”的设计方法。

为了更好地认知身体和感知行为，可以使用身体训练的探索方法。将身体作为工具与材料开展参与式工作坊，比如身体感知工作坊、身体书写工作坊、身体测量工作坊、身体与空间工作坊等。身体实验系列工作坊鼓励参与者探察身体的外延和认知边界，激发内在身体和外界环境的互动。通过探究身体的静态姿势与动态运动，讨论身体扩张、连接、解构和重塑的可能性。

在以身体为媒介的工作坊活动中，通过身体的视、听、触、动、嗅、味等混合感知进行身体体验记录，从而调动起身体的感官意识，获得个体经验和数据（图2-1）。该探索路径的构建受梅洛·庞蒂“身体图式（Body

---

❶ 马歇尔·麦克卢汉．理解媒介：论人的延伸［M］．何道宽，译．南京：译林出版社，2019：33.

❷ 理查德·舒斯特曼．身体意识与身体美学［M］．程相占，译．北京：商务印书馆，2011：9.

❸ 马赛尔·莫斯．社会学与人类学［M］．佘碧平，译．上海：上海译文出版社，2003：306.

Image）”中感官多重知觉系统理论的启发，在感觉器官独立运作且彼此互不影响下，透过感官的联觉效应，即大脑中进行多重感官知觉的统合作用，建构对外在世界的诠释。[1]身体实际上是通过多种感觉器官组成的，同时身体感官之间也存在差异性。因此，个体对于不同的身体部分之间的知觉是千差万别的。通过调动不同身体感觉器官，唤起个体的身体意识，将感性的“身体知觉”与抽象的“身体经验”转化为可量化的信息和数据，从而拓展出以身体为工具和材料的设计探索过程，拓宽对身体感知能力和感官意识的理解。

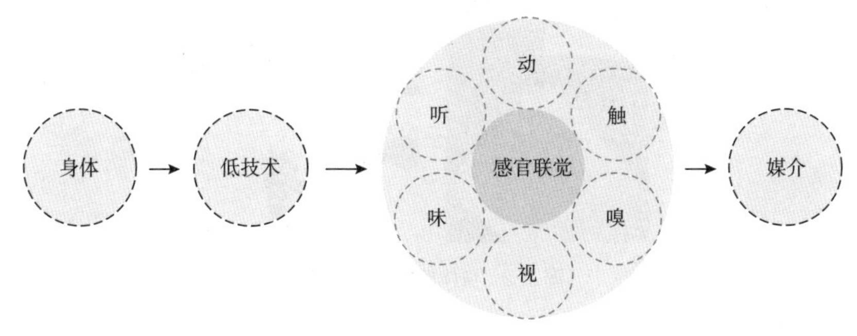

图2-1　身体实验路径图

二、身体实验的探索实践

（一）身体感知实验

身体感知实验是剧场中经常出现的身体训练方法，通过感知和观察参与者的身体在不同空间中的动态活动，创造性地探索肢体状态。基于身体的混合感知系统，如观看、聆听、触碰、味感等感受身体空间。该实验能够帮助参与者唤起“身体意识”，调动身体的能动性与观察力。

在实验中，我们将身体进行编号，随意写出数列进行搭配，参与者的身体跟随数列编号进行活动，体验空间从二维到三维的生成过程，通过点和线的形式绘制在纸上。依照不同的姿势与动作进行身体表现，使用草图与影像

[1] 梅洛·庞蒂．知觉现象学[M]．杨大春，张尧均，关群德，译．北京：商务印书馆，2021：145-209.

记录身体的静态姿势的变换轨迹。然后使用简易的材料动手制作辅助道具，呈现身体姿势留下的“信息”（图2-2）。身体感知实验通过将身体置于空间中进行观察，激发参与者探索内在身体与外部空间的互动联系。

图2-2　身体感知实验过程图

（二）身体测量实验

在日常生活中，基于身体测量进行观察与描述的方法有很多。比如一步长、一巴掌大、一拳头量等都是以身体局部作为量词，进行尺寸或者尺度的描述。身体测量实验受到人类学研究中人体测量学（Anthropometry）的启发，通过研究人体测量方法，探讨身体的特征、类型和变化。依照解构身体局部的属性、数据与形态，推演出基于身体数据的设计发展。

身体测量实验是通过一系列低技术的测量方法感知身体空间，获取差异化的身体数据，启发参与者的创作思路。在实验中，参与者利用简易材料快速制作出测量工具。选择身体的局部进行测量，例如头围、眼距、眉距、脸长以及手长等，并将测量的尺寸数据记录下来。可以使用金属丝在头部制作出有简易刻度的头套，用以测量头部的数据信息，也可以使用麻绳制作出测量手长和手距的穿戴工具等。参与者对测量数据进行整合与分析，对身体的各个部位进行数据还原以及视觉呈现（图2-3）。

图2-3　身体测量实验过程图

（三）身体绘画实验

身体绘画实验是基于身体动态的思维发散实验，该实验将人体活动应用到绘画与设计领域。实验将身体作为绘画工具，地面、墙壁以及天花板作为画布，利用身体的动态行为，探索身体绘画的可能性。身体绘画实验鼓励参与者呈现不同的身体运动形式，通过绘画工具呈现运动轨迹。首先，面向戏剧、舞蹈、运动等领域进行身体动态特征的调研，参与者做出身体动作，如推、拉、跑、跳、走、晃动等。使用简易材料制作出可穿戴的绘画工具，随着身体的动态运动在画布中完成绘制（图2-4）。

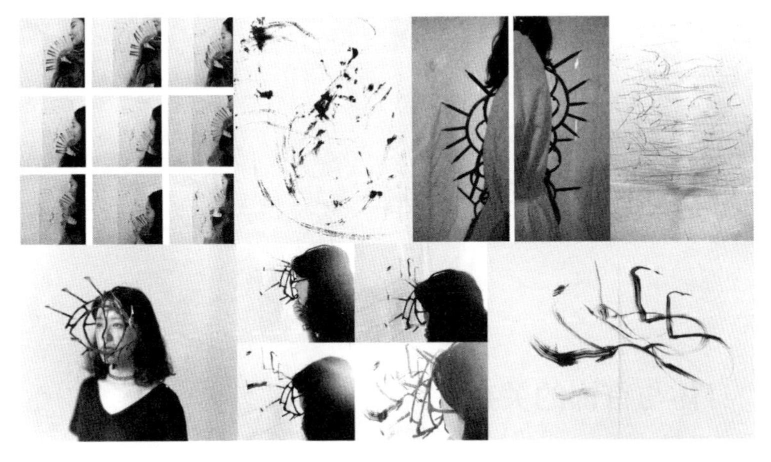

图2-4　身体绘画实验过程图

参与者通过身体的动态行为获取一手素材，以画布作为媒介，展示出实时变化的身体动态信息。传统的绘制方式是将既定的形状，通过主观意识控制绘制出来，结果往往是可预测和可控的。而身体绘画实验则是通过构建身体与材料互动的创作方法，建立从“意识”到“身体”，从“可控”到“不可控”，从“确定”到“不确定”的设计表达。将身体动态转化为点、线、面的抽象形态，通过媒介将不可见的数据进行可视化呈现。

三、身体实验的意义

以上身体实验的开展基于身体相关的理论知识，可以用于启发式的设计教学，训练设计师的身体敏感性和观察力，形成“以身体为中心”的设计方法。参与者进行共创式的身体实践，以此认识、观察、理解以及探索身体。使用身体、姿势和感官等作为创作的工具，借助测量、绘画、观看、聆听、触碰等手段，获取有价值的身体数据与信息。

人们通过身体感知世界，身体决定了感知，也决定了观看世界的视角。身体是人类在世界中存在的载体，是让感知产生时间和空间统一性经验的场域。作为意义发生的身体没有明确的边界，身体的场域是靠个体想象力构建而成的。通过一系列身体实验启发身体相关的设计，拓展出个体的想象力空间，将身体、物和空间中的非可视化信息进行可视化处理。

第三节 作为穿戴对象的身体

一、身体与首饰的关系

首饰是围绕着身体展开的设计造物研究。在手工制造的首饰成型过程中，工匠通过身体和材料直接接触，基于一定的技术训练和工艺经验，完成首饰的制作。传统的手工艺制作方法是通过“身体力行”获取身体体验，激发创作思维。工匠在实践中总结个体化的工艺经验，形成具有个人特色的设计语言。随着数字技术的进步与发展，首饰设计师和艺术家们逐渐转向通过设计构思、方案绘制进行首饰设计与艺术创作，最终通过机器进行生产与制造。数字化技术发展进程，某种程度上使首饰设计师脱离了身体经验。然而首饰作为特殊的设计对象，无论是设计师的创造、佩戴者的穿戴以及观看者的解读都离不开身体。

我们通过休伯特·德雷福斯（Hubert Dreyfus）在技术哲学理论中提出具身性（Embodiment）的概念，解读首饰与身体之间的穿戴关系。德雷福斯认为具身性是指身体具有特定的形状（胳膊、腿等）以及内在能力，后习得技能扩展身体的能力，再投射于文化的世界。[1]上述内容可以概括为三层含义：第一层，指自我身体的确定形状和内在能力；第二层，指我们后天习得的处理事物的技能；第三层，指文化的具身性，意味着文化的世界与我们的身体相互关联。由此，从自我身体、习得技能、文化映射理论延伸到首饰与穿戴的关系上，同样可以推演出三层关系：第一层是从身体自身出发的装饰需求，即的身体的局部需要获得遮蔽、装饰和美化；第二层指身体获得穿戴的技能；第三层是将首饰视为一种穿戴文化。

前文关于身体改造中阐述，人类有了装饰的需求，选择佩戴“物”进行身体的遮蔽与装饰，达到强调身体局部特征和吸引眼球的目的。随着工艺技术的发展，人类逐渐在制作身体装饰物的过程中感受到形式之美，发展出更为丰富的身体穿戴物。

身体是首饰与人产生交互的介质，身体既是穿戴首饰的主体，也是解读首饰的客体。身体观念影响人类的思维方式和心理需求，身体得以从物质连接到精神，在人与人、人与社会的互动中发挥作用。著名的英国社会学家乔安妮·恩特维斯特尔（Joanne Entwistle）在《时髦的身体：时尚、衣着和现代社会理论》一书中提出了“情境身体实践”的概念，她认为“时尚表达着身体，提供关于身体的话语，同时又通过个体衣着的身体实践而被翻译成日常衣着”。[2]当我们将身体置于设计过程的中心时，穿戴在身体之上的首饰，依照

[1] 姚大志．身体与技术：德雷福斯技术现象学思想研究［M］．北京：中国科学技术出版社，2020：15.

[2] 乔安妮·恩特维斯特尔．时髦的身体：时尚、衣着和现代社会理论［M］．郜元宝，译．桂林：广西师范大学出版社，2005：4.

身体的特性而设计制造，借由身体的穿戴，最终借助身体来呈现（图2-5）。

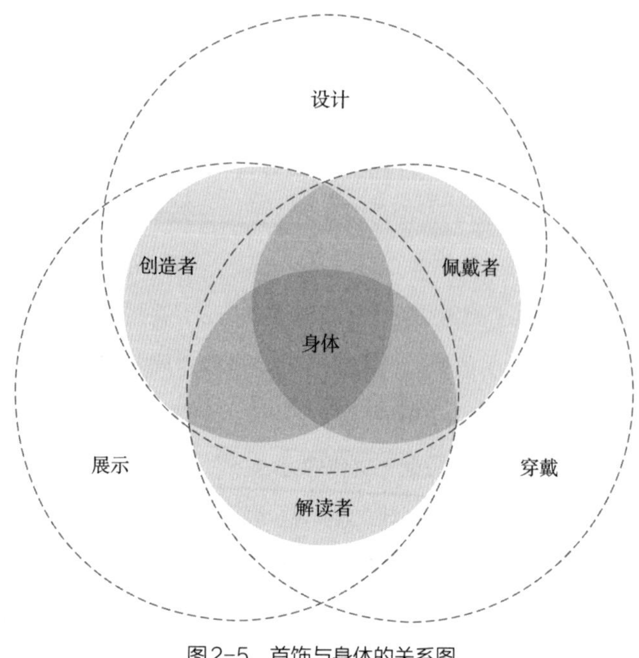

图2-5　首饰与身体的关系图

二、首饰作为身体的延续

当代语境中的首饰可以理解为“可佩戴的雕塑”，不同于其他只能在美术馆和博物馆中静态展示的艺术形式，首饰是便于携带的“动态艺术品”，借由身体佩戴进行展示与传播。尽管首饰在穿戴习惯中常被当作整体形象的“点缀”，但是佩戴在身体上的首饰隐含着佩戴者对自身价值的体认，即亲身感受与体会，衍生出个性化的感官认知与审美体验。

在大部分首饰设计作品中，身体是“物”的展示空间。首饰是身体的延伸物，通过与身体紧密结合得以解读与扩展。无论是存放于美术馆中的艺术首饰，还是放在商场展柜中的商业珠宝，尽管在展示时缺失了物理形式的“身体”，但观看者或消费者依然能够通过首饰形态，想象出首饰在身体之上的穿戴形式。当首饰被佩戴在身体上进行解读时，可以将其视为“有形的实体”与“无形的空间”两个层面：“有形的实体”指的是首饰的外观与形态，而“无形的空间”则是首饰与身体穿戴之间的想象空间。首饰是物质的，通过材料和工艺进行表现，被视觉和触觉感知。有形的首饰形态限制身体姿势，无形的首饰空间则因穿戴而明确。因此，“有形”与“无形”都是首饰设计的重要内容。

自20世纪70年代起，德国艺术家丽贝卡·霍恩（Rebecca Horn）开始了对身体空间的探索。在她制作的一系列身体雕塑（Body Sculptures）中，将各种木材、金属和织物结构连接到身体上，以人与环境为主题，制作了诸如帆布翅膀、长手指手套、覆盖着铅笔的面具和高大的兽角等作品，通过表演、装置、雕塑以及影像等艺术形式进行展出。她的作品实际上可以被解读为是从身体到环境再到空间的感知与探索。

不同于丽贝卡·霍恩的创作，来自荷兰的首饰艺术家海斯·巴克（Gijs Bakker）在1970年创作的作品使用不锈钢、铅、亚克力等廉价的轻工业材料，将穿戴理解为连接外界的重要方式，构建了首饰、个人与社会之间的互动机制。在作品《轮廓首饰》（*Profile Jewelry*）中，设计师使用金属将人体面部进行视觉上的分割，透过物对身体进行解构和重塑。英国先锋首饰设计师娜奥米·菲尔默（Naomi Filmer），早在20世纪90年代初期就和侯赛因·卡拉扬（Hussein Chalayan）、安妮·瓦莱丽·哈什（Anne Valerie Hash）等先锋服装设计师进行“身体穿戴物”的设计合作。在她的作品中，使用了金属、玻璃、贝壳等非常规的首饰材料进行人体解构，突破肢体边界。在她的作品中，首饰与身体的关系从身体佩戴首饰转变成为首饰“穿戴”了身体，也就是说首饰从“点缀”的配角转变成为主角。实际上，娜奥米的作品也响应了前文中提到的有形的首饰实体与无形的身体空间之间的关系。

本书作者程之璐2016年创作的面部佩戴作品《由外及里》（图2-6），通过使用金属线条营造身体轮廓的空间想象。该系列作品由17件面部佩戴工具组成，作者试图通过作品重塑穿戴者的个人形象展示个体在自我认知过程中“向内看”与“向外看”的不同视角。该系列穿戴作品已然突破了首饰作为装饰性的功能，成为引起话题和思考的工具。

三、身体穿戴的未来发展趋势

随着数字技术成为首饰设计的探索手段，物理世界和虚拟世界的界限

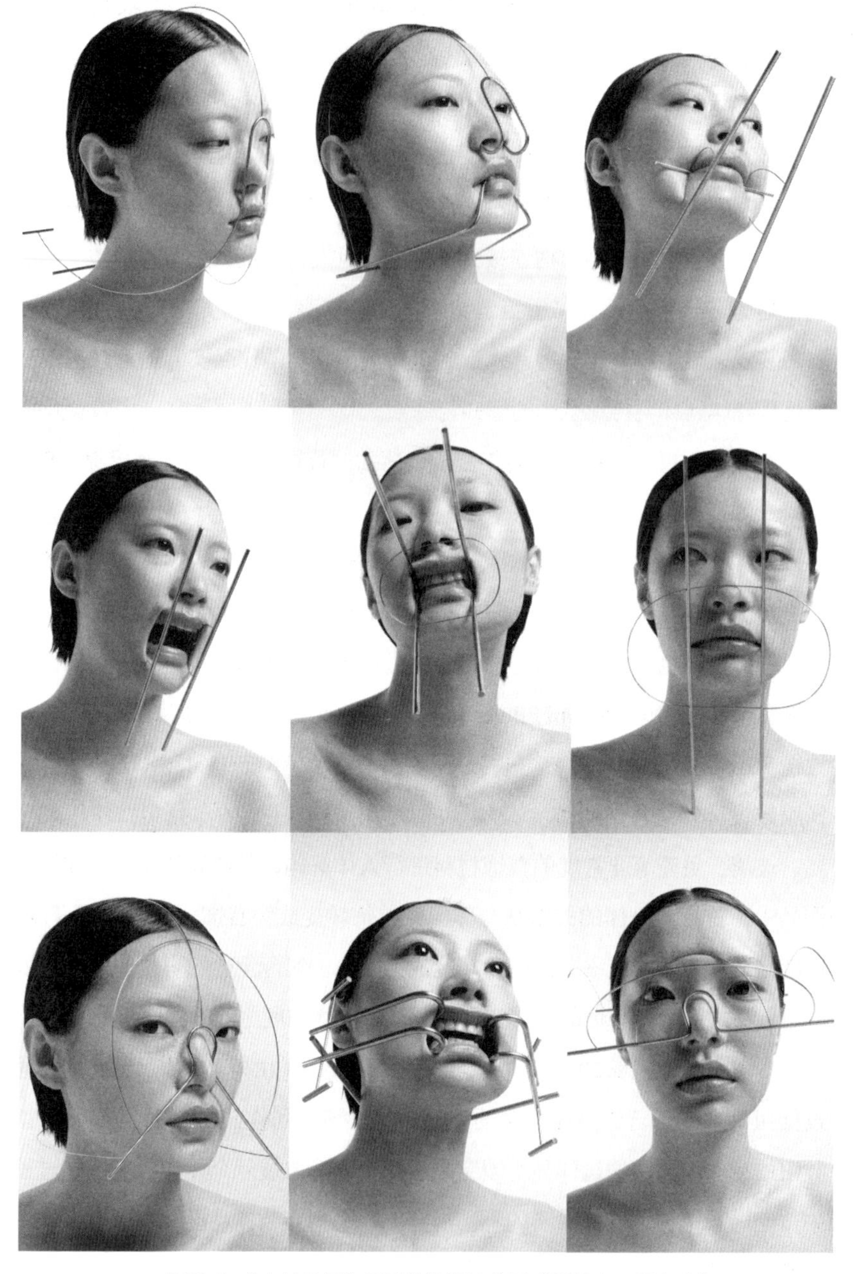

图2-6 《由外及里》系列首饰设计作品（设计者：程之璐）

逐渐模糊，新的穿戴产品层出不穷。意大利学者琪亚拉·斯卡皮蒂（Chiara Scarpitti）在《后数字时代的首饰：当代首饰设计的未来场景》一文中写道："我们作为人的存在的有形性是通过对身体的重新审视来实现的，身体既可以被理解为进行传统手工艺术和制作技术手段的探索领域，也可以被理解为以新技术和信息化手段为工具，实现数字化的探索领域。”[1]因此设计师需要积极地思考身体与技术深度融合的未来。

被誉为“身体建筑师”的露茜·迈克莱（Lucy McRae）将生物科学整合到身体创作方法中，通过生物编辑技术重塑身体的气味，形成基于视觉媒介表现人类进化的创作方式。安娜·拉杰切维奇（Ana Rajcevic）通过对解剖结构的视觉解读，创造出超级生物的未来形象。荷兰设计师艾里斯·范·荷本（Iris Van Herpen）创作出3D打印时装，模糊了身体装饰物与服装的界限。来自中国台湾的设计师许云清通过虚拟建模设计出情绪面具等。设计师和艺术家们将身体作为新技术的研究对象，通过技术为穿戴带来新的视觉体验和应用潜能。

从以上研究案例可以看出，近年来有不少首饰设计师和艺术家们从技术的角度对身体穿戴的美学和功能方面进行着探索与研究。身体穿戴的未来发展可以通过从低技术到高技术的混合制造，产出具有物理属性和虚拟属性的输出成果，拓宽未来首饰设计的可能性，丰富从身体内部到外部、从局部到整体、从个体到多体的创作路径，催生出多元化的首饰提案。

❶ 琪亚拉·斯卡皮蒂.后数字时代的首饰:当代首饰设计的未来场景[C]//孙捷,伊丽莎白·菲舍尔.奢侈品设计之灵:当代时尚与首饰.上海:同济大学出版社,2021:258.

第三章

作为媒介的数字技术

第一节
数字技术在首饰中的应用

一、设计端的技术形式

在设计过程中，技术作为工具的创新效率被不断放大，使用多样的数字技术创建想象中的未来，成为再现未来场景的关键基础。随着计算机科学与通信技术的发展，各学科对通用计算产生依赖。在解决某些具体问题时，机器的性能表现优异，增强和拓展了人类改造自然的能力，以人机协作的新模式影响着设计进程（图3-1）。人工智能、物联网、虚拟仿真、区块链等技术形式与设计逐步融合，以开放化、非物质化、互动化、去中介化的方式介入未来场景中，首饰设计的创新思路得以扩展。

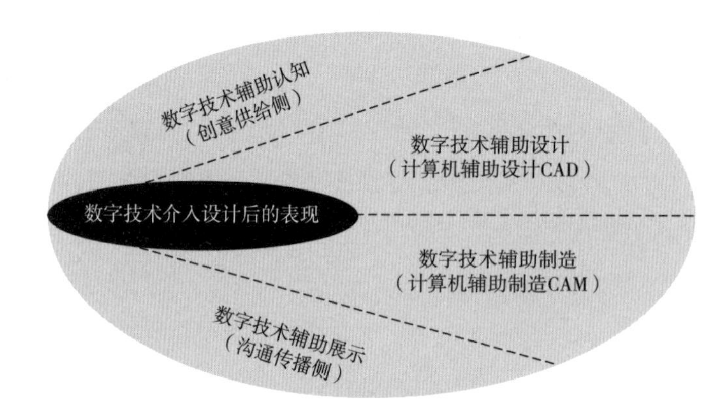

图3-1 数字技术介入设计后的表现

计算机作为一个技术工具，渗透到设计构想、功能规划、展示体验以及生产加工的各个环节中，启发设计师重新思考首饰的生成方式、佩戴方式以及获取方式，产生了多样化的首饰设计思想，如生成首饰设计、智能首饰设计、虚拟首饰设计等。

计算机具有运算速度快、计算精度高、自动化程度高、存储容量大等特点。人通过操作计算机，与机器产生信息交互，借助计算机的信息处理和快速计算，达到解决一系列问题的目的。计算机工程师把人们想要做的具体事情翻译成机器能够执行的程序语言，通过人机协同的工作机制解决问题。随着计算机技术渗透到军事、医疗、金融、汽车、农业、教育等各个领域，带来全面的数字发展进程，以特有的方式改变着人们的生活方式与思维观念。

计算机技术有助于加速设计进程，形成科学、敏捷、灵活的开发机制。例如，借助人工智能算法进行数据分析，精准捕捉用户的个性化信息，利用数字手段增强人与物的交互关系。欧洲服装品牌思莱德（Selected）曾在2017年任命微软人工智能“小冰”任职助理设计师，计算机通过创意算法让机器直接产生创意成果。2019年该品牌继续与“小冰”合作，基于当下的流行趋势、品牌特性和消费者情感等因素，推出人工智能印花丝巾，支持实时生成亿万个原创图案纹样。作为人机协作的主导者，设计师负责确定目标、制定规则、评价效果，而机器的作用在于提高执行效率、减少重复性劳动、启发逆向思考。

计算机辅助设计的普及使设计过程不再过度依赖经验和动手能力。计算机辅助设计简称CAD（Computer Aided Design），指利用计算机辅助设计师完成不同阶段的设计工作，包括绘图与模型建造，辅助展示与沟通，对接后续生产等。计算机图形学是计算机辅助设计的重要基础，指利用计算机产生、处理和显示图形的科学，最早由“计算机图形学之父”伊万·萨瑟兰（Ivan Sutherland）在1963年提出。人和计算机以图形的方式进行交互，大大提升了通信效率。计算机图形学的发展为设计师借助计算机解决问题提供了前提，各类数字软件工具相继开发，有针对性地进行辅助设计，广泛应用于建筑设计、服装设计、工业设计等领域，设计方法和生产方式也随之改变。

首饰设计类的数字软件工具，可以按照形态类别、适用范围、使用特征以及研发属性分类。从形态类别划分，可以分为二维设计工具、三维设计工具以及二维转三维设计工具，完成形态绘制、造型构建，色彩与材质的仿真模拟。

首饰设计中常用的二维软件工具有Photoshop、Illustrator等，用于生产图纸的数据标注、佩戴效果拟合、图形纹样的快速绘制。三维软件工具包括3Design、JewelCAD、Rhino、Zbrush等，用于三维形态的数字建造、形态评估，关联渲染环节，对接后续生产。二维转三维设计工具包括Selva 3D、Autodesk ReCap等，支持从二维到三维的形态转换，不需要复杂的建造过程。Selva 3D是一款将二维图像转换为三维模型的在线转换器，一键获得立体效果。Autodesk ReCap是根据点云和照片进行三维重建的软件，用于查看和编辑激光扫描捕捉现实数据，应用于景观与建筑测绘以及实时生成数字模型。

从适用范围划分，可以分为首饰专用工具和通用工具。其中专用工具以JewelCAD和Rhino的首饰专用插件Matrix为代表。JewelCAD配备了首饰专用的资料库和材质库，包括各类戒圈款式、常用配件、典型材质、宝石形状、镶嵌结构等，供设计师随意选择和调用。Matrix是Rhino软件的首饰专用插件，除了自带宝石、镶口等资料库外，还支持自动宝石镶嵌建模，自由设置宝石尺寸、镶嵌间距，在自动化、灵活度以及控制性方面表现较好。Matrix自带快速生成器功能，如戒指生成器、镶口生成器、底座生成器、花纹造型生成器、链扣生成器、螺旋生成器等创建集群，支持灵活的自动生成，解放设计师的重复性劳动。通用工具以Rhino和Zbrush为例。Rhino是工业设计中常用的建模软件，能够帮助设计师快速表达设计思路，完成造型表现，广泛应用于工业设计、建筑设计、机械设计等领域。Zbrush的开发同样并不针对首饰，但设计师可以借助软件中的特色功能辅助首饰的特殊表现。Zbrush属于数字雕刻类绘图软件，采用浮雕式的建模原理，设计师可以通过鼠标控制立体笔刷，雕刻出三维造型，适合建造首饰形态的细微起伏、表面肌理等。

从辅助特征上划分，部分工具善于对接后期加工生产，部分工具善于在虚拟介质中进行仿真表现。如矢量软件Illustrator，可以在激光刻字、切割等加工环节中绘制路径。JewelCAD兼具辅助设计和生产的功能，支持与快速成型系统对接，完成切片和打印前排版等工作。随着元宇宙概念和穿戴类虚拟资产的兴起，虚拟仿真类软件受到了首饰设计师的青睐，例如Unity实时内容开发平台以及虚幻引擎Unreal Engine等，用于现实世界的模仿以及创建虚拟物品。设计师将上述工具从游戏、影视等领域，挪用到身体穿戴的场景中，增强沟通效度。此外，制作的虚拟内容还可以关联增强现实、虚拟现实等硬件设备，支持人们通过多种传感通道与虚拟世界进行交互。

从研发属性上划分，上面所提及的工具属于成熟的商业软件，具备不同程度的通用性和专用性。此外还可以根据设计师的特殊需求进行针对性开发，使用灵活的第三方开源工具或组件，响应差异化的设计需求。设计师跨领域地探索计算机图像工具，将其整合到首饰的设计过程中，启发设计思路，提升工作效率。Deep Dream Generator是谷歌开发的开源在线艺术创作工具，基于人工智能算法驱动视觉风格迁移，人们在网站上传图片，机器自动学习、识别、分析、总结上传图像的风格特征，通过迁移算法将一张图像的风格特征迁移到另外一张图像上。类似Deep Dream Generator的人工智能软件工具和开源算法有很多，如开源神经网络工具RunwayML、Artbreeder，以及基于产业实践的开源深度学习平台百度飞桨等。设计师需要不断扩展自身的数字工具资源，用开放的心态拥抱有趣的技术形式，更新设计面貌。

二、制造端的技术形式

制造技术的日新月异带来了生产力革命，从以手工为主，到依靠机器和工业流水线实现批量加工，再到柔性制造、智能制造的全面转型，高效、灵活的制造技术为面向未来的实体造物提供了保障。

数字制造技术依托计算机软硬件以及信息网络技术，是制造业生产系统智能化的发展趋势。各类自动化、精细化的加工手段层出不穷，提升了生产效率，改变了生产思路。计算机辅助制造又被称为CAM（Computer Aided Manufacturing），能根据计算机辅助设计的数据模型自动生成可加工的数控代码，控制机器完成生产加工指令。计算机辅助设计用于加工过程的模拟、生产分析、输出控制等，是数字制造的前期基础。计算机辅助设计和计算机辅助制造形成了联动的数字工作机制。数字制造能解放人力，快速分析加工可行性、加工时间、生产周期，协助生产规划与控制制造质量。CNC数控切削技术、3D打印快速成型技术、数控激光雕刻与切割技术、自动数控车花技术等制造手段广泛应用于首饰领域。

数控技术是数字信息对机械加工过程进行控制的技术，集机械技术、计算机控制技术、传感技术、网络通信技术和机电技术于一体，有反应速度快、灵敏、精度高且稳定性强等优点。CNC（Computerized Numerical Control）数控切削技术是一种典型的减材制造加工手段，发展于20世纪中期，通过计算机发出程序指令，控制一台或多台机械设备完成加工动作，机床运动带动刀具，再通过刀具实现减材切削。3D打印技术也被称为快速成型技术（Rapid Prototyping），属于增材制造的加工手段。该技术起源于19世纪末，在20世纪80年代得到广泛的发展和推广。3D打印通过计算机控制材料逐层添加，固化成微小厚度的片状实体，再采用聚合、熔融、烧结等手段使各层堆积成一体，最终制造出三维实物。3D打印技术支持小批量的个性化即时生产、灵活生产、按需生产，快速响应设计需求，为实现敏捷的设计开发提供了加工制造基础。

未来，数字制造将逐渐摒弃粗放型和经验型的发展路线，朝着自动化、智能化的方向前进，从大批量、集中式的生产方式向分散化、个性化转变。人、信息、资源、物品在数字平台中紧密连接，将静态的生产空间转变为先进的智能生产环境，生产资料得到最佳配置，把产品设计、生产规划、制造执行、供应链分配、分销管控、服务管理等模块整合到数字信息管理系统中，减少经验依赖，提高设计创新效率。

三、传播端的技术形式

数字转型冲击着设计路径上的各个节点，在展示、沟通、社会化传播等环节也渗透着丰富的数字要素。博柏利（Burberry）是时尚行业中较早采用数字战略的奢侈品品牌之一，在2010至2011年的秋冬服装发布中，模特被分成“在场的”和“无损的”多个数字副本，观众可以佩戴虚拟现实眼镜进行虚拟在场观看。消费者也可以在社交媒体参与评论，同步购买最新款式的服装。博柏利采用立体影像流媒体直播技术，让时装秀贴上全球同步、多地理位置同在、置身现场、快速购买的多重标签，改变了秀场以往的订货模式。2011年博柏利在北京举办全息影像时装秀，借助计算机图像、全息薄膜、光线控制等技术，虚拟模特和真实模特在观众眼前碰撞重叠、幻化消融。博柏利向全球观众表达了一以贯之并不断推进的数字战略与品牌主张。在数字展示与传播中，技术的多样性改变了传统、单一的展示方式，将观众置引入数字景观，获得深层次的交流。

展示作为一种特殊的沟通方式，在既定的时空内，将展示内容传达给受众，形成感知与反馈。首饰的展示方式多以静态为主，受物理条件限制。基于数字技术的虚拟展示，表现形式则更加自由，不局限于当下的物理时空条件，更具交互性以及跨时空感。

增强现实（Augmented Reality）通过将虚拟信息与真实世界的融合，增强感官体验和沟通效率。首饰图像叠加在真实的人体或环境中，跟随动作和空间位置变化实时交互。虚拟现实（Virtual Reality）是体感技术支持下的全虚拟情景建造，通过计算机模拟系统，自由营造人在虚拟空间中的接触场景，强化沉浸式的交互体验以及多源信息融合。

设计师利用增强现实技术、虚拟现实技术构建场景，将虚拟的环境、角色和物体转化为技术应用诉求。2019年在北京服装学院首饰设计专业方向的一组本科毕业设计作品中，设计师以《艺术游览者》为主题，用首饰设计语言再现了多位艺术家的绘画风格特征（图3-2）。实物制作完成后，设计师借助三维建模和虚拟展示软件平台，制作了一个虚拟美术馆展示空间（图3-3）。观众通过手机扫描二维码进入虚拟美术馆，浏览、穿梭于各个展厅。人们可以仔细观察作品细节，阅读详细的文字注释，欣赏模特佩戴首饰的照片。该方式突破了物理空间的陈列局限，提供了更加丰富翔实的展示内容。虚拟美术馆空间还支持观众佩戴VR眼镜，借助交互设备“身临其境”，强化游览体验。

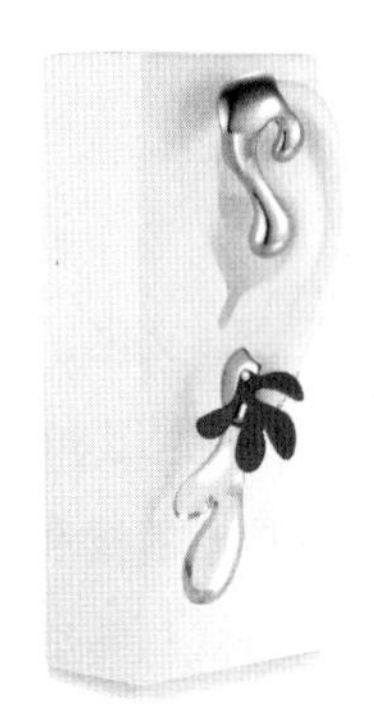
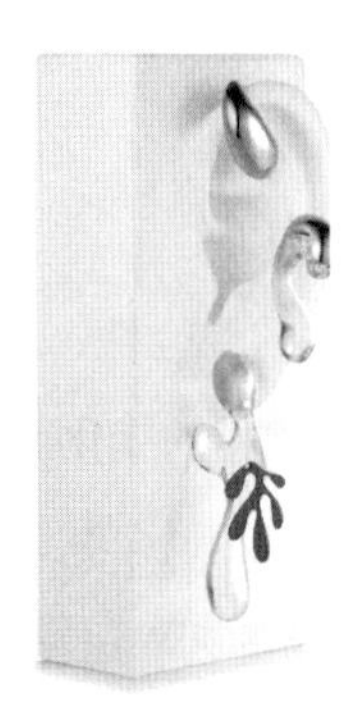
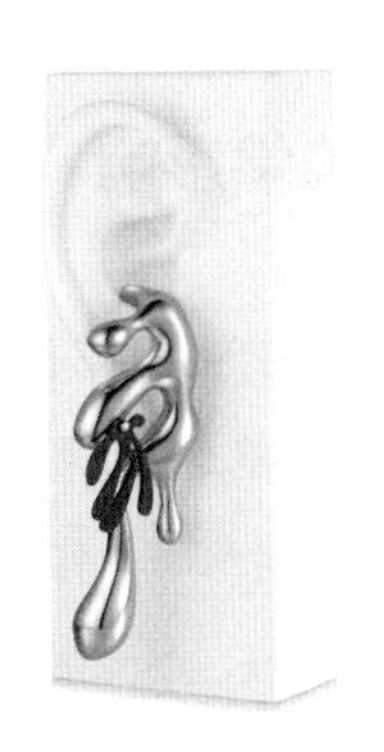
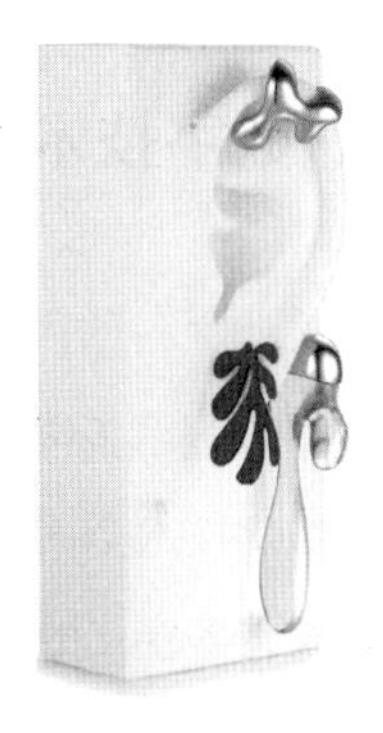

图3-2 《艺术游览者》系列首饰设计作品（设计者：周晔熙、梁佩怡）

图3-3 《艺术游览者》虚拟美术馆展厅（设计者：周晔熙、梁佩怡）

数字设计、数字制造和数字展示，形成了数字技术对首饰设计的系统性影响。数字设计扩展了人机协作的共创空间，在各类软件工具的支持下完成方案的虚拟建造。数字制造实现了从虚拟空间到现实世界的过渡。数字展示则又再次回归虚拟，重置现实与虚拟的关系。面向未来的首饰设计构想，鼓励在现实和虚拟中自由穿梭，在数字技术的激发下串联出独特的设计路径。

第二节 数字美学的特征分析

一、数字技术的美学影响

设计学科的内容涵盖广泛，有着较强的综合性，涉及社会、文化、经济、科技等诸多因素，审美方式也随上述因素的变化而改变。20世纪80年代，数字技术全面融入设计领域，作为交叉创新密集、渗透性广泛的技术要素，支持多样化的设计实践，逐步衍生出新的艺术语言、形态样式与美学风格。数字技术作为关键工具介入设计过程，不仅拓展了惯有的审美经验，也为设计的表现形式和手段提供了丰富的媒介。

从美学角度看，以数字技术为基础的审美过程，不仅关注物质属性的审美客体，还注重人在设计活动中的交互体验。数字技术介入的审美过程呈现出以下美学特征：审美主体的身份趋于模糊；注重审美过程中的共情与互动；审美距离变得更近；审美行为更加便捷；审美趋向不断演化，连续性与不确定性并存等。

计算机与信息技术的发展成为连接科技、艺术、文化的重要角色，无论是媒介材料、创作方式，还是视觉语言、思维观念都引发了诸多变化。“引发这场变革的根本原因并非来自设计本身，而是来自基于计算机技术的数字化浪潮。”[1]设计师一方面把技术当作创作的来源，基于技术进行美学表达。另一方面，借助技术强化人与设计观念的交互，带来全新的美学体验。各类数字技术引发了不同的创作形式和设计形态：人工智能设计、智能交互设计、生物艺术、智能材料艺术、虚拟现实艺术等，反映着当下人类的科技水平与思辨状态。

虽然越来越多的设计师对数字技术表现出浓厚的兴趣，但是对新兴技术的热情与美学理论研究的滞后并存，缺乏对数字美学系统、深入的梳理。已有的研究较多关注数字技术如何影响设计的表达手段，分析角度集中于审美客体的外在表现效果。数字技术超越了人手制造和人脑想象的局限，是一种影响设计师思维活动的技术工具。所以研究技术对于设计领域的影响，不能仅聚焦细枝末节的外部效果优化，应关注设计活动主体的意识变化，着重分析数字技术对审美活动的内在作用，扩展到对整个审美过程的关注，梳理数字技术对各个审美要素的影响，阐释出对新型审美关系的理解。

1946年美国成功研制出了世界上第一台电子计算机，奠定了现代信息技术的基础。20世纪50年代，世界上第一台晶体管计算机问世，标志着计算机技术进入了全新的发展阶段。计算机技术发展初期，计算机设备仅存放在大型研究实验室，工程师负责编程，辅助艺术家完成基于视觉图像的艺术创作。在输出设备上，依靠机械绘图仪器，由计算机控制其运动进行视觉输出。

20世纪60年代，世界上第一台集成电路计算机被制造出来，设备体积更小，计算速度更快，能同时运行多个程序。1963年伊万·萨瑟兰完成了关于人机通信的图形系统博士论文。在研究中，伊万·萨瑟兰引入了分层存储符号的数据结构，用键盘和光笔实现定位、选项和绘图，提出了沿用至今的图形学基本思想。伊万·萨瑟的博士论文被认为是计算机图形学的奠基之作，随后计算机图形学被确立。图形化的人机交互方式，大大促进了计算机辅助设计的效率。1965年第一届美国计算机图像展在纽约召开，同年世界上首个数字艺术展在德国斯图加特举行。

20世纪70年代，微处理器技术得到空前发展，发达国家先后研制成功了以微处理器为核心的数控系统，计算机辅助设计和计算机辅助制造得到了

[1] 宋书利．重构美学：数字媒体艺术研究［M］．北京：中国国际广播出版社，2018：107.

更为深入的研究。

20世纪80年代，随着个人计算机的普及，计算机图像技术突飞猛进。数字技术全面融入艺术领域，艺术家通过创作，有意模糊艺术与计算之间的界限，强调数字美感，并发展出计算美学的研究分支。

20世纪90年代，在互联网与信息化浪潮的席卷下，互联网重塑了人们的交流方式，人机全面协作，设计师踊跃地通过技术表达思想，扩展创作范围。计算机能够识别表情、动作、语音以及情绪，读懂人类需求，了解人类个性，情绪计算、想象计算、创意计算纷纷涌现，开启了算法驱动的生成设计实践。

“数字美学将技术渗透作为基本方向，在总结已有经验的同时把目光投向未来，将人类已有的、可预见的内容作为研究对象，深化科技与设计之间关系，促进二者的繁荣。”[1]数字技术的介入引发了设计工具的变化，思维方式、创作方法、形态语言以及创作观念随之改变。在创新意识不变的前提下，创新工具是可变的，随后引发创新能力的转型。数字技术重塑了设计的过程和方法，人类依靠发明工具扩展自身能力，达到改造自然的目的，同时思维方式又被工具所影响，最终改变观念（图3-4）。随着数字技术的演进，人类的思考框架、思维尺度、认知边界以及知识来源得到了新的发展，更新了对社会实践的认知。

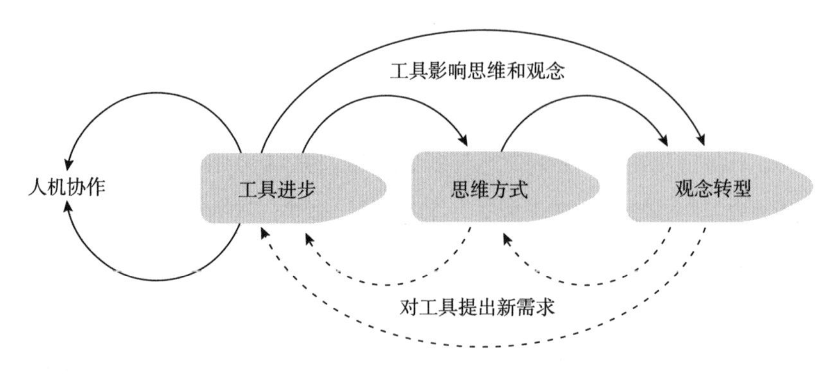

图3-4　工具与思维、观念的关系

设计观念的改变使设计师从新的角度审视工具，对技术提出新的要求，成为优化工具的动力来源。设计师愿意拥抱先进技术，用数字观念启发设计想象。与此同时，设计师需要掌握各类技术形式，深入了解技术细节，以便

[1] 方兴，蔡新元，郑杨硕．数字艺术设计[M]．武汉：武汉理工大学出版社，2010：10.

能够在转变观念后，让工具发挥作用。越来越多的设计师通过跟程序员、工程师、科学家的跨领域合作，对技术应用提出新的要求，甚至发明新的技术，让不同的技术形式集成在一起，重置技术的组合关系。

二、数字美学的审美过程

美学属于哲学的分支学科，1750年由德国哲学家亚历山大·戈特利布·鲍姆加登提出，在感性认知的基础上，美学逐渐发展为一门系统学科。数字技术参与到设计活动中，表现出开放性、参与性、交互性、共享性、虚拟性等特征，形成了丰富的审美体验。在审美过程中，需要有审美主体和审美客体，数字技术介入的审美过程在主体身份认知、交流诉求、感知距离和影响效果上有明显变化（图3-5）。

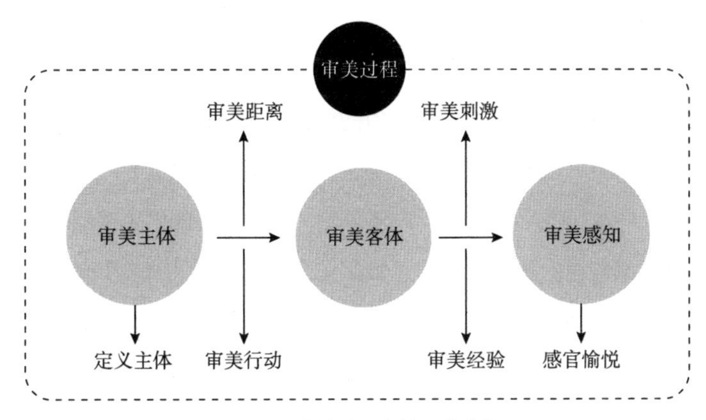

图3-5　审美过程中的要素分析

设计师不再只是创作者、信息传输者，而是组织者、协调者。观众不再只是从外部观看，也是可以成为参与者，甚至是创作者，产生了审美主体的身份模糊以及审美过程的民主性。设计师不再是审美价值的中心和权威，观众与设计师拥有平等的身份，成为影响设计结果的重要因素。借助计算和实时生成，人们可以自由地调整、交换信息内容，建立开放的交流过程。

相较于其他审美形式，数字美学强调多感官沟通的共情体验。无论是单纯地点击鼠标还是参与改变结果，人们更容易参与到审美过程中，达成理解与沟通。设计师要创造让人参与其中的环境，并给予参与者表达自我的机会。审美过程的共情与互动表现在三个方面：一是迅速被吸引，判断人们是否对审美客体产生兴趣；二是持续的互动，指互动所持续的时长；三是可重复的互动，希望一次又一次地体验互动。不同的互动过程产生的共情程度不同，获得的审美体验也截然不同。

设计师还可以通过虚拟手段，拉近人与审美客体的感知距离，带来沉浸式的审美反思。“沉浸是一种数字艺术特有的知觉状态，沉浸可以是知觉器官的全面刺激过程，这个过程直接的结果是全神贯注，沉浸也可以是一种精神状态到另一种精神状态的发展、变化和过渡过程，这个过程是对逻辑的阐述与塑造，从而使观者增加对作品的情感投入。”❶设计师通过消除审美距离，多方位调动感知，营造错觉，混淆现实与虚拟的界限。“审美主体和审美客体之间在虚拟交互中处于零距离状态，而这种零距离状态又使得审美本身更加自由，审美主体的批判反思能力被弱化乃至被消解。”❷无论是虚拟现实、增强现实还是混合现实，不断涌现的虚拟技术，将继续强化审美距离变化带来的感官刺激与知觉幻想。

越来越多的设计内容以更快的速度传达给大众，改善了设计师与人们的交流方式，为设计提供了扩展影响力的机会。数字技术为审美行为提供了便利，帮助人们更好地欣赏和了解审美客体：如数字网站、社交媒体、虚拟展厅、数字人导览、数字档案等，改造审美环境的同时降低审美成本。

数字技术与设计的关系构成了数字美学的基础，技术更新成了审美方式不断演化的内在动力。随着科技的飞速发展，任何新的技术手段都可以产生新的设计物种和审美形式，数字美学被不停地刷新和重新定义。经济学家W. 布赖恩·阿瑟（W.Brian Arthur）认为：“技术有自身的发展逻辑和进化方向，为解决老问题去采用新技术，新技术又引起新问题，新问题的解决又要诉诸更新的技术，技术在某种程度上一定是来自此前已有技术的新组合，必然带有此前技术的基因。”❸数字美学将技术作为审美基础，新的审美带有过往技术的“遗传基因”，同时又呈现出新的适应性。

---

❶ 廖宏勇．逻辑到情感：数字艺术美学的核心问题［J］．求索，2009(4)：191-192.

❷ 刘桂荣，谷鹏飞．数字艺术中的美学问题探究［J］．河北学刊，2008(6)：239-242.

❸ 布莱恩·阿瑟．技术的本质［M］．曹东溟，王健，译．杭州：浙江人民出版社，2018：78.

三、数字技术的反思

数字美学建立在人机协作的工作机制上，设计师负责设定规则、下达指令，计算机执行算法达到设计目的。在这个过程中，人是创新的发起者，数字技术是实现创新的工具。随着创意计算和人工智能的发展，创新的主导权是否会发生迁移，引起了热烈的讨论。人工智能作为计算机科学的一个分支，是研究人类智能的技术科学，包括对人的意识、思维和学习能力的模拟。尽管今天仍然处在弱人工智能时代，人工智能与设计、生活的交叉应用不断涌现，本质上仍是人机协作的结果，人类智慧处于主导地位。大胆设想未来人工智能可以充分模拟人类的创造力，如果创新权力存在迁移的可能，数字美学也将进入全新的发展历程。当创新权利的主体发生改变，必然引发创新逻辑的重构。设计师该如何重新定义自己的身份，采取怎样的策略？是否让计算机直接影响设计师的意识和思想，让审美客体具有生命属性和自主意识？也许我们今天并不能准确地回答上述问题，但设计师要对此开始有所思考。

技术是数字美学的重要因素，人们可能会产生技术“焦虑”，认为技术的大量渗透会带来人文因素的衰减，不以“技术”为中心，始终以“人”为中心产生行动，是设计师需要遵循的首要原则。在相同的技术条件下，发展出独特的应用诉求，制定有效的工作路径和执行规则，是设计师面临的挑战，也是数字美学不断向前发展的契机。数字技术确实能有效地帮助审美客体达到高效的美学影响，这也意味着设计师需要投入更多的时间来创建突破性思路，保持特立独行，并勇于打破常规。

在数字时代的背景下讨论美学问题，试图将技术审美化和观念化，以此认识数字美学的发生、存在与特性，判断数字美学的发展趋向。文化传播学者肖恩·库比特（Sean Cubit）在论著《数字美学》中提到：“探索数字美学的目的不是要证实‘现有’，而是要促进‘尚无’的形成，此‘尚无’是未来的根基，这根基就存在于现在。”[1]人类对美的追求始终伴随设计与技术的相互作用，由于技术基础的不确定性和变化性，数字美学也表现出了独特的活跃性，既具有区别于传统美学的显著特征，也将会在未来展现出其他新的特点。

[1] 肖恩·库比特.数字美学[M].赵文书,王玉括,译.北京:商务印书馆,2007:5.

第三节
数字首饰的种类

一、智能首饰设计

人类智能表现在语言、逻辑、分析、身体运动、自我认知、推理等诸多方面。人们通过计算机驱动的信息交互手段，对人类智能进行模拟，代替重复性劳动，提高解决问题的效率。虽然仅在硬件中嵌入计算功能，并不是严格意义上的智能，但开发者正努力朝着更好的方向迈进，在传感智能、交互智能等方面积极实践。

智能传感技术是依靠带有微处理机的传感器，使机器具备采集、处理和交换信息的能力。传感器作为一种检测部件，能感受到被测量的信息，并将信息按照一定规律变换成电信号或其他形式输出，以满足信息的传输、处理、记录和控制等功能，是机器实现自动检测和自动控制的重要组件。

2012年谷歌公司推出了Google Glass智能眼镜，引起了公众对智能可穿戴设备的关注。2014年在美国举行的国际消费性电子展览会上，可穿戴设备再次成为热点。智能首饰作为一种可佩戴的电子装饰物进入开发者的视野，成为可穿戴设备的细分。跟常规首饰相比，智能首饰兼具漂亮的外观、可佩戴性以及实用功能，被视为靠近身体的“数据采集器”。

目前智能首饰仍处于发展初期，在集成性、续航能力等方面仍不能达到理想的使用要求，功能实现和外观设计存在冲突。在既有条件下，开发者不满足于追求外观以及单一的功能优化，而是重新思考首饰与人的交互关系。2011年日本Neurowear公司开发了一款名为Necomimi的猫耳朵头饰。通过捕捉脑电波数据的方式，感知佩戴者的专注度，猫耳朵做出相应的反馈动作。该设计利用了动物的仿生姿态，可视化佩戴者的情绪，作为社交场景中的特殊交流工具，带来了有趣的互动体验。

人与计算机的交互先后经历了鼠标控制、多点触控和体感交互三个发展阶段：借助Kinect体感交互技术、Leap Motion手势交互技术、Tobii眼球追踪技术等，计算机可以识别人的动作、手势、面部、眼部、语音、大脑皮层活动，并被广泛应用于科技设计与身体互动的探索中，与周边的装置、环境产生信息交换与内容互动。[1]

Neclumi是来自波兰的新媒体艺术设计机构PanGenerator开发的一款微型影像光影首饰，依靠固定在衣服领子上的微型投影仪，在佩戴者颈部投射出动态光影图案，获得虚拟装饰效果。该设计尚处在原型开发阶段，发光的图案照射到佩戴者的脖颈上，如同佩戴了一条“发光”项链，支持佩戴者通过专门的应用软件控制项链，如调整光束的宽度和位置等。人们根据不同的身体动作、行走方向以及发声音量，引起图案的形状变化，获得动态的装饰效果。首饰佩戴在身体上，佩戴者通过身体行为，触发与首饰的交互性，丰富了首饰的美学内涵。在智能交互技术的介入下，不仅仅让首饰停留在单一和稳定中，而是将更多的变化因素加入其中，产生多样化的感知体验。

二、生成首饰设计

区别于其他计算机辅助设计方法，生成设计强调算法控制下的自动执行能力，深度参与到设计的生产过程中，以人机共创的模式，满足个性化设计需求。生成设计在建筑设计、视觉设计、产品设计等领域应用较多，作为一种独特的设计方法，具有如下特点：第一，生成设计是面向过程的设计方法，通过规则建立设计因素之间的关系以及约束条件；第二，将设计要素数据化，建立生成结果和数据之间的关联性，借助算法自动执行规则和条件，得到一系列执行结果；第三，生成结果具有一定程度的不可预测性。

“人脑处理信息的方式与计算机不同，计算机能够创造出设计师很多时候无法想象的解决方案，这些解决方案成了设计师创意的源泉，设计师可以从中获得灵感，并将其创作过程推向更高更深的层次，提高设计师的创造能力。”[2]从辅助式增强到协作式共创，生成设计强化了设计师的发散能力，提供比手动设计过程更多的可能性。

本书作者宋懿曾在2021年协同程序工程师，完成了名为《算术》的首

❶ 谭力勤．奇点艺术：未来艺术在科技奇点冲击下的蜕变［M］．北京：机械工业出版社，2018：37.

❷ 刘永红，黎文广，季铁，等．国外生成式产品设计研究综述［J］．包装工程，2021，42(14)：9-27.

饰生成设计项目，借助算法启发首饰设计师的形态想象力（图3-6）。在项目的第一阶段，开发了一款针对首饰设计早期阶段，即形态探索阶段的数字生形辅助软件工具。该工具支持批量获得可扩展度高的三维首饰形态，提高了形态设计的效率，丰富了设计师的形态素材来源。在生成工具的辅助下，通过设置曲线表达式中的常数变量区间，设置步长、粒度等基础控制参数，自动获取复杂的首饰三维形态。创建了从数学、参数、程序、生形，再到身体穿戴的数字首饰设计流程。在计算机环境的支持下，首饰的设计过程更具理性、直观性以及科学性。生成的数字文件能直接用于3D打印输出，也可以导入其他软件工具中进一步优化。

在项目第二阶段，针对批量形态的评估与挑选，将计算机学习技术整合到首饰数字形态设计的过程中，运用卷积神经网络的深度学习算法，对首饰形态的挑选经验进行模拟，并通过实验证明了该方法的可行性。设计师通过生成设计方法，构建独特的数字工作路径。该研究项目的意义在于提升了首饰设计过程的自动化程度以及形态获取效率，最终作品呈现出独特的数字美感。

三、虚拟首饰设计

虚拟空间、虚拟佩戴、虚拟资产是虚拟首饰设计的不同表现内容。首先是虚拟空间。计算机系统在应用软件的支持下，擅长基于视觉的虚拟建造。无论是增强现实技术、虚拟现实技术还是混合现实技术，都建立在非真实性的知觉体验上，模仿、延伸、颠覆了真实世界的物理条件。设计师可以在现实与虚拟叠加的模糊空间中表达设计思想。

虚拟现实技术是一种支持创建虚拟世界的计算机模拟系统，自由营造人与环境的接触场景，强化环境与人的多源信息融合。虚拟的数字界面不仅是一扇窗，人们可以窥探并沉浸其中，同时它还是一扇门，支持从虚拟到现实的往复穿梭。设计师将虚拟的环境、角色和物体转化为技术应用的诉求，邀请更多的观众加入并沉浸其中。

本书作者宋懿在2018年的中国国际时装周期间，举办了一场名为《身体植物园》的首饰作品发布会，从未来视角探索了首饰与身体的深度关系。

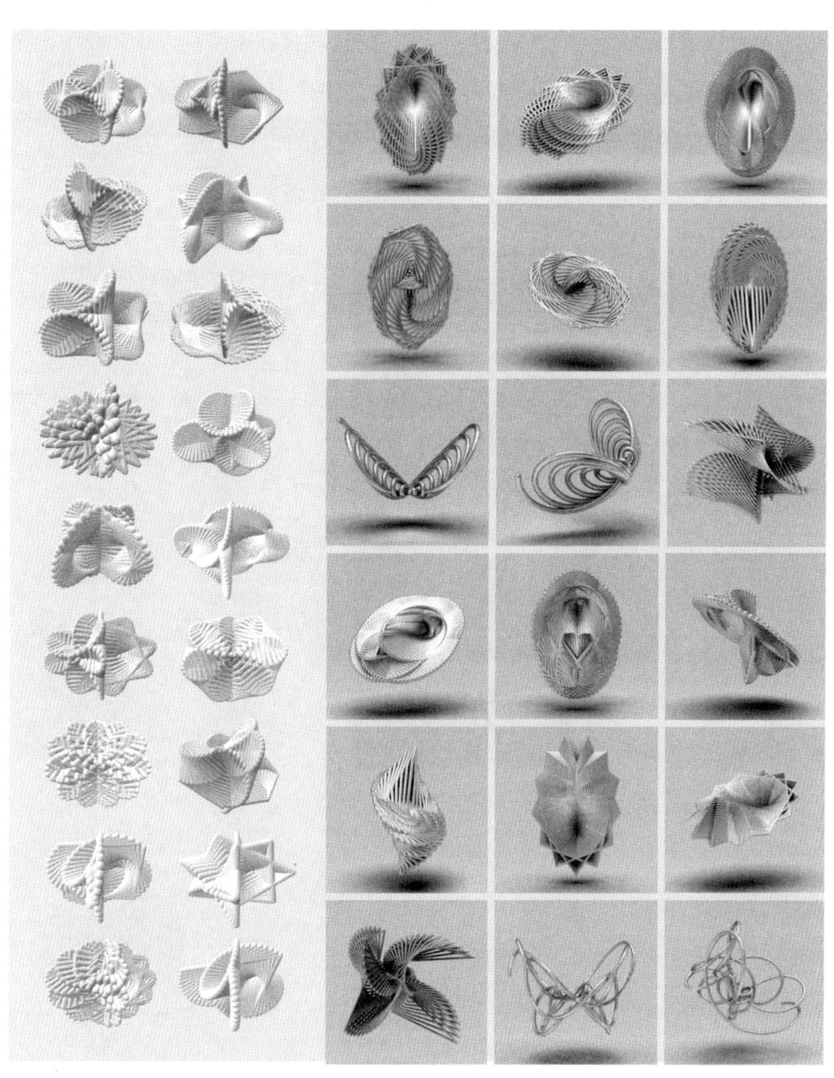

三维模型图

耳饰佩戴图

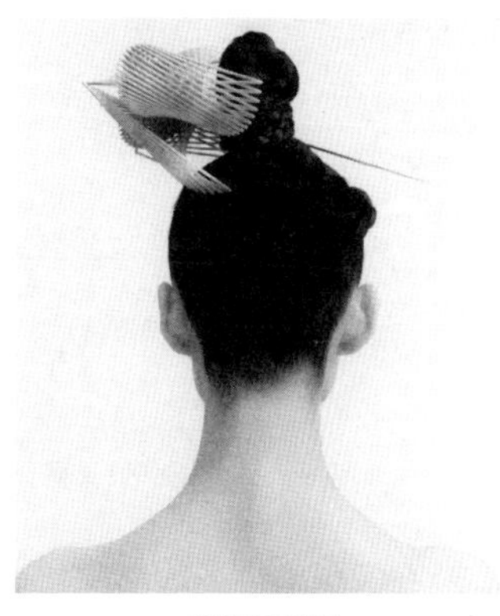

发簪佩戴图

图3-6 《算术》首饰数字生形设计项目（设计者：宋懿）

为了再造以首饰为媒介的未来植物美学，作者联合叙事空间设计师和动画艺术家使用“数字巫术”，以“欢迎来到我的星球”为叙事线索，把秀场营造成了一个多媒体故事空间（图3-7）。借助虚构的设计手法，为现场观众讲述了一个人类穿越时空，探索植物星球的幻想故事。

首饰作品发布会现场

系列首饰作品设计

图3-7 《身体植物园》（设计者：宋懿）

在秀场中央，数字宇航员“注视”着来回行走的模特，观众除了能看到真实的首饰佩戴效果外，在秀场的体验区内，还可以佩戴虚拟现实设备，走进用首饰模型搭建的“虚拟星球”空间（图3-8）。基于Sansar虚拟社交平台，首饰模型变成了硕大的“植物”在虚拟空间里生长，观众借由宇航员的数字化身，走进首饰的三维模型图稿（图3-9、图3-10）。借助虚拟现实技术的场景体验，强化了秀场的叙事主题，突破了秀场的物理空间局限，延伸了观众对作品的感知纬度。观众从最开始坐在一旁观看变为“走”进首饰的内部，首饰从体积较小的物品变成体量巨大的景观，强化设计概念，引发观众的情感共鸣。

图3-8 《身体植物园》首饰作品发布会VR虚拟体验（设计者：宋懿）

图3-9 《身体植物园》首饰形态三维模型设计（设计者：宋懿）

图3-10 《身体植物园》首饰作品发布会虚拟体验空间（设计者：宋懿）

随着互联网和电子商务的兴起，虚拟试衣的概念被提出，是指在无法真实试穿衣服的情况下，使用虚拟手段帮助消费者达成购买决策。线下零售商店也会通过设置虚拟试衣系统节省消费者的试穿时间，方便快速预览上身效果。不仅是服装，对于首饰而言，虚拟佩戴同样能获得上述效果。

为了达到虚拟佩戴的目的，需要通过数字技术再现首饰质感，还原真实的上身效果。这一过程会涉及不同首饰款式的数字信息采集、佩戴者的身体合成、动作以及表情等关键内容，最终通过屏幕介质加以呈现。戴比尔斯公司旗下的钻石品牌Forevermark在2011年推出了虚拟试戴体验项目，消费者下载应用程序后，可以坐在计算机前试戴吊坠、耳环和戒指。珠宝品牌周大福、周生生也相继开设了虚拟试戴体验珠宝门店，利用增强现实技术丰富消费者的购物体验，将集自助售卖、智能试戴、便捷支付等功能于一体的智能售卖机设置在店内。珠宝品牌周大生在与天猫合作的智能门店中，增加了“智能魔镜”试戴装置，提供会员购物记录和虚拟试戴功能。

以上是商业场景下的虚拟佩戴，以促进消费者的购买决策为目的。在未来语境中，虚拟佩戴作为链接现实和虚拟的独特手段，辅助设计师展开设计想象。在2020年北京服装学院本科毕业设计作品《虚拟人设》中，设计师在Unity开发引擎的基础上，借助增强现实技术，设计了一套具有互动体验功能的首饰（图3-11）。首饰中的二维码被设备识别后，佩戴者可以通过屏幕看到由该首饰触发的虚拟人设形象，形成在虚拟空间实时互动的佩戴体验。首饰通过虚拟佩戴既展示了自身的装饰属性，又强化了佩戴者的虚拟性具身体验。

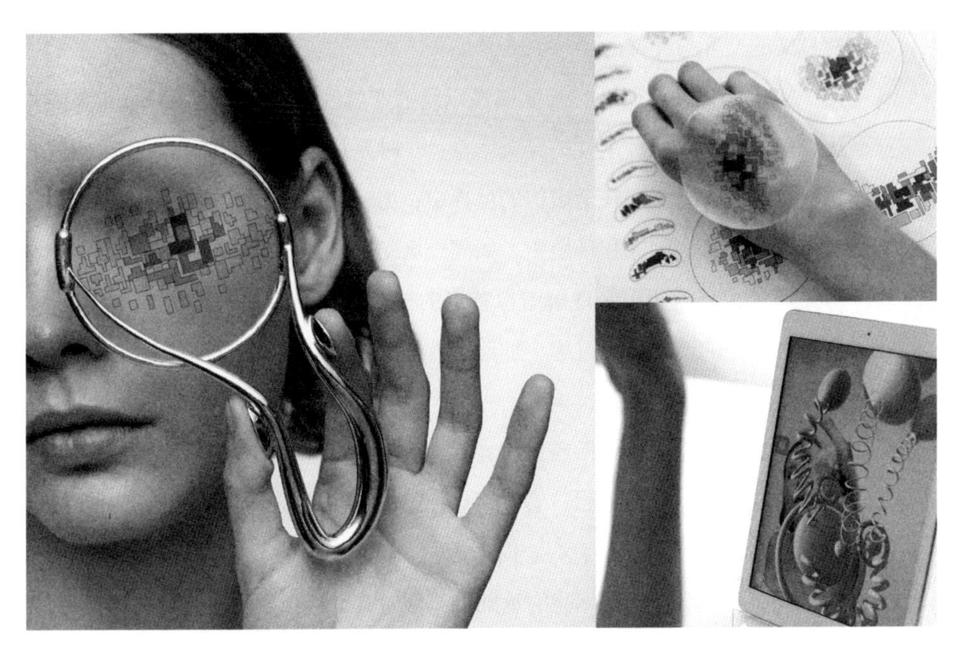

图3-11　AR虚拟人设交互首饰设计（设计者：郑博文）

元宇宙概念的兴起催生了新的生产模式和商业生态，虚拟首饰作为虚拟穿戴中的细分品类正在悄然萌生。虚拟是对现实世界的拟真，同时又摆脱了物理条件的诸多限制，不受材料特性、成本、佩戴环境、供应链等因素的局限，呈现出一种自由状态。随着区块链技术的发展，NFT（Non-Fungible Token）非同质化代币出现，支持虚拟商品所有权的电子认证，标记、跟踪以及证明商品的所有权，使虚拟物品资产化，用于金融性质的收藏与流通。虚拟资产在全球范围受到青年群体的追捧，最早表现在游戏领域，如购买游戏装备、道具、虚拟皮肤等。随后以NFT加密技术为基础的虚拟产品，逐步扩展到生活方式场景中，如虚拟头像、虚拟服装、虚拟首饰等。虚拟产品的资产化，意味着首饰有可能脱离现实世界，以更加独立的状态进入虚拟空间，成为元宇宙生态的独特内容。在好奇心的驱使下，设计师在虚拟场域中挖掘需求，探索有趣的体验途径以及沟通方式。

从设计学角度看待虚拟，大多聚焦"实体产品的虚拟转译"或者"虚拟是为了向实体转化"这两个基础逻辑。虚拟形态的产品设计进程亟待新的开发策略和方法支持。在尊重首饰特性的基础上，增加虚拟维度的设计拓新，重塑虚拟与真实的关系，模糊虚拟与现实的边界，成为设计师的工作重点。但虚拟和现实中首饰体验不能相互替代，而是彼此补充，在数字维度上建立有意义的交互与连接。

NFT具有金融属性、社区属性以及消费属性，加速了虚拟产品的发展。虚拟首饰服务于两种主要的穿戴场景：一种是从虚拟到虚拟，即为数字化身进行穿戴设计，沉浸在全虚拟的世界中；另一种是从虚拟到现实，即将虚拟首饰穿戴到真实的人和环境中，如同一场幻象盛宴，虚实共生。无论是哪类穿戴场景，都需要重新理解虚拟首饰的社交属性、金融价值以及情感诉求。虚拟语境中的产品设计过程，加速了首饰的创作速度，流行更容易在虚拟景象中得到快速反应。

2022年北京服装学院首饰设计专业方向的研究生们发起了名为“绪合计划”的NFT设计实验项目，尝试将虚拟社交与生成技术应用到虚拟首饰的开发中（图3-12）。该项目区别于同类型的NFT首饰，不但以装饰性作为设计重点，而且在增加使用体验的基础上，创建具有社交纪念属性的虚拟产品。

图3-12 “绪合计划”虚拟首饰设计（设计者：沙睿琬、郑月朗、陈缘圆）

首先通过问卷分析进行用户筛选，完成参与者和聊天对象的匹配。然后设计团队为参与者提供了一个虚拟身份的对话环境，两名在现实中并不认识的人，需要展开匿名的线上聊天体验，并且跟踪和记录双方对话过程中的情绪指数，作为首饰形态生成的影响数据。可视化的首饰图像让参与者更加直观地感受到自身的情绪变化。项目结束后双方可以决定是否公开个人信息，将匿名的线上对话关系转化为现实中的朋友。最终的生成结果会在NFT平台中发布，用于明确虚拟首饰所有权的唯一性，然后将该系列数字藏品赠送给参与者，让其拥有亲身参与创建，并且独一无二的数字藏品。项目鼓励参与者们在虚拟空间中积极建立情感联系，使社交过程中的情绪价值转化为可虚拟佩戴的首饰资产，于是虚拟首饰成为了人际关系的新象征物。

数字技术与物理世界多元融合，首饰仅仅是其中的一个沉淀场景。无论是智能首饰、生成首饰还是虚拟首饰，新的设计启发了设计师对未来首饰形态的不同看法。人们开始慢慢意识到，无论是体验方式、消费方式还是传播方式，都需要被重新设计。

第四节
技术媒介的内在化

一、数字思维

以科技和信息资源作为关键生产要素的数字经济蓬勃发展，新技术、新业态、新模式层出不穷，面向未来的设计人才需求也发生了变化。技术的更迭速度不断加快，学习者需要保持开放，用先进的思维与技能“武装”自己，在变化中抓住机会。以前设计师仅仅具备专业知识就可以了，现在还需要具备数字意识与数字技能以适应学科的扩容。数字思维反映着设计师面对外部环境变化的适应力，设计师需要善于利用数字资源，具备整合数据、分析信息的能力以及良好的工作习惯，积极开展广泛的跨学科合作。

将数字思维拆解为数字意识和数字技能两个层面进行理解。数字意识决定着面对新问题，能否主动将数字技术作为解决问题的媒介和手段，是设计师在工作中自发识别和使用数字技术的心理状态。设计师有意识地将算法、数据、程序、自动控制等技术成果整合到自身所在的行业，协同不同专业背景的专家，借助数字手段解决专业难题。链接是数字技术的重要属性，信息技术链接了人类长期积累的思想和知识，通过放大、更新和重组，产生出新的智慧效能，增强人们深入分析和产出计划的能力。数字意识需要具备独立的思考力，了解数字技术的发展现状，洞察数字时代用户的需求变化，积极思考未来的变革趋势。

除了意识外，设计师还需要掌握相应的知识和技能。无论是有意识地使用数字技术解决问题，还是具备掌握数字技术的能力，最终表现为数字智慧。设计师根据自身的专业背景和创新经验，具备如下不同程度的数字能力。一是掌握专用软件工具的能力，设计师要主动发现合适的工具延伸能力。二是计算执行与程序开发的能力，专用软件不能满足多样化的个性需求，设计师可以借助编程，针对性地解决问题。如果设计师自身不具备上述能力，可以与具有编程能力的人员合作，将具体问题转换成计算机语言可以理解的工作逻辑。三是懂得用数据支持决策的能力，在信息时代数据是重要的生产要素，无法访问必要的数据以及进行科学的分析，会降低人们对实际情况的判断。

数字环境创造了新职业，也改变了传统职业的工作方式。设计师需要具备双重技能，即数字技能和专业技能。数字技能支持设计师实现从创造端、制造端再到传播端的全数字过程，实践不同的工作模式。设计师通过增强数字意识和数字能力获得数字智慧，通过转换思维方式，提升设计效率，更好地从事由数字技术驱动的设计工作，弥合外部需求和自身能力之间的数字鸿沟。未来人们会以更具想象力的方式与机器展开合作，互联网让世界变得扁平，人工智能让世界变得垂直，在这个纵深交错的网络中，不断发现新的连接点和共生空间。基于数字技术的未来创新，需要理解工具对思维的深刻影响，过往的创新思路较多通过改善造物达到目的，而数字技术驱动的设计创新在方法、内涵和手段上会更加丰富。

二、数字路径

著名经济学家约瑟夫·熊彼特（Joseph Schumpeter）在《经济发展理论》中讨论了技术创新在经济发展中的作用，提出创新就是把生产要素的新组合关系引入生产方式，无论是改变要素之间的关系，还是把组合起来的事物拆开，都会引发变化。[1]人类从使用手工工具开展改造自然的劳动，到借助计算

[1] 约瑟夫·熊彼特.经济发展理论[M].王永胜，译.上海：立信会计出版社，2017：12-13.

机技术精准造物，再到人工智能辅助人类完成创造性工作，经历了一系列技术驱动的社会发展历程。

数字技术加快了人处理信息的速度，提高了认知效率，去中介化的同时快速把握趋势，用科学的数据分析手段确保信息的准确性，决策力和判断力得到提升。在由数字网络构建的知识社会中，人们不仅有能力获取信息，还能够将信息转化为知识资源进一步扩散和传播。

在解决问题的路径上，数字技术鼓励通过分布式协同扩大社会化参与程度，支持跨地域、跨空间、跨人群的广泛参与。信息通信技术已经大大减少了物理资产的投入，分散性解决复杂问题的能力得到加强。众多的触点和端口形成聚集效应，延伸技术的影响范畴。计算机本身就具有平台特性，通过开放、兼容，支持广泛参与。在数字技术的支持下，创新系统中各节点、角色的联动性加强，网络化、数据化、平台化以及注重对隐性价值的挖掘改变了单点突破的思维局限。

在解决问题的过程中，数字技术依靠快速迭代，呈现动态进化的发展趋向，从而支撑各类应用场景。以数字技术为基础的设计举措，随着技术的进化而更新，打破了静态思想，形成动态流动的求解过程。由于数字技术的介入，产生了从点到网，从单一到多维、从线性到交叉、从独立到协作、从静止到动态等一系列思维方式的转变，使创新活动具备增强性、准确性、开放性、互联性、变革性等特点。随着数字工具的迭代和应用场景的拓展，思维方式的转变衍生出各种人机协作的工作思路：包括人的意愿数字化、人的兴趣数字化、人的行为数字化、人的属性数字化、人的关系数字化等。

数字解决方案是设计师利用数字工具解决问题的方法和过程，将可计算的部分抽取出来，回归到提出问题、分析问题、解决问题的思维框架中，分别整合设计技术和计算机技术。设计技术用于产生知识和理解问题，计算机技术用于执行任务，虽然两者的语言和工作方式不同，但仍然可以以目标为前提协调一致。设计技术和计算机技术的融合可以描述为如下工作步骤（图3-13）。

第一步，调查理解。所有工作起始于对问题的调查和分析，全面地理解和解释问题，是基础性的前提。第二步，定义任务。设定明确的工作目标。方案的获得需要经过复杂的推导和逻辑分析过程，在工作前期，得到方案并不是工作的重点，而是将定义出的任务作为关键要素进行标记。第三

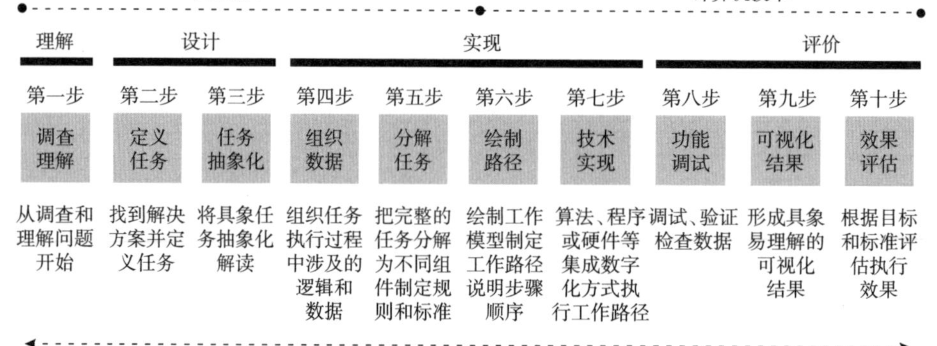

图3-13 数字解决方案的工作过程

步，任务抽象化。将具象、模糊的任务描述进行抽象化概括，或总结为象征性符号，通过呈现要素关系和逻辑进程，将复杂问题简洁化，以便被计算机执行。在这个步骤中设计技术和计算机技术开始发生转化。第四步，组织数据。将关键性数据进行收集和整理，用数据表示问题的关键进程，然后对数据进行解释。第五步，分解任务。将复杂的任务分解为较小的模块，降低计算机执行的难度。第六步，绘制路径。将问题的求解过程结构化，编写一系列的执行步骤和路径，绘制为可视化的流程图，与计算机工程师对接需求。第七步，技术实现。借助硬件、程序、网络或者算法等集成数字手段，执行工作路径，实现目标任务。第八步，功能调试。将数据作为检验标准，对执行结果进行验证，如果出现功能偏差和执行效果不理想，需要继续进行功能优化。第九步，可视化结果。将任务成果变成易操作、美观、完成度较高的可视化结果，如产品、网页或软件程序等形式交付。第十步，效果评估。效果评估与功能调试不同，是对整体解决方案的最终成果做出综合评判，如使用反馈、应用反响以及制订下一步迭代计划等。

在上述过程中，设计师需要思考哪些问题是可以计算的，如何把问题分成人能做的事情和机器能做的事情。设计师通过提升自身的数字意识、数字能力和数字智慧，为开展广泛的跨学科合作打下良好基础，建立主动工作的意愿。数字技术和设计诉求之间不是分裂的，两者在制定目标、执行方法和策略上需要相互叠加，产生融合式的交叉创新，从而打破设计师固有的思维壁垒和已有现状。将面向未来的设计愿景作为行动目标，将数字技术作为工具和媒介，原本泾渭分明的生产要素开始出现交融。

第四章 设计语境与方法

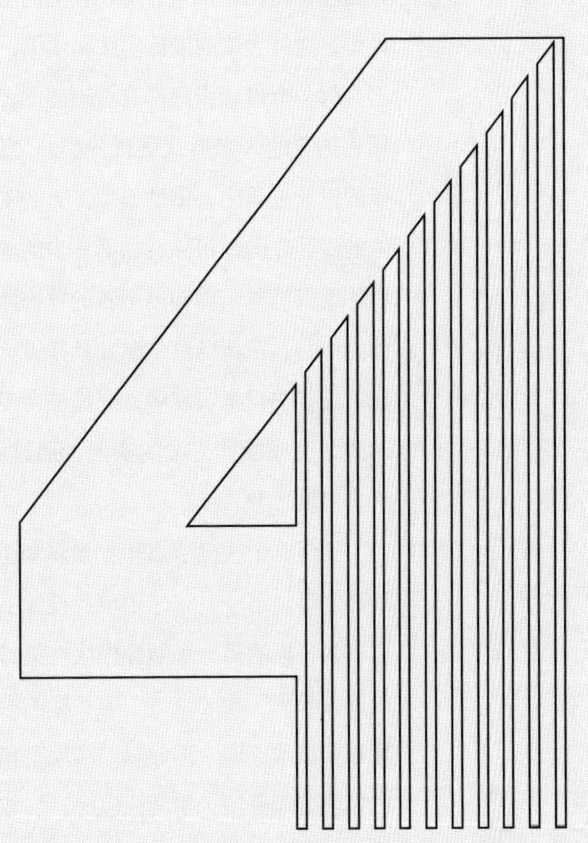

第一节
循环路径

结合未来愿景、设计思维以及首饰的特性，尝试发展出不同的工作框架与设计思路，推动设计师积极地参与未来，将不确定性转化为创造力的来源，形成一种新的首饰设计方法。方法中提出未来语境、设计工具、场景构建、身体穿戴、技术实现的设计步骤，串联成弹性的循环模块以及隐性的设计闭环，深化了未来首饰设计的内容与要求。在设计路径的基础上建立评价模型，通过大量的设计实践和成果，对方法的有效性进行检验。

每一个设计步骤都有着不同的工作重点：在第一步的未来语境中，对模糊、抽象的未来形式进行分类，定位出设计行动面向的未来范围；在第二步的设计工具中，借助典型工具的支持和引导，在特定的未来范围中寻找明确的设计方向与目标；在第三步的场景构建中，由趋势或热点事件引发一连串的场景想象，虚构出全新的首饰使用场景；在第四步的身体穿戴中，以身体为中心，在新场景中激发具体设计，将首饰视为影响场景的关键“道具”；在第五步的技术实现中，通过整合设计端、制造端、展示端的综合数字技术形式，完成设计方案的实现，通过场景可视化、原型实物化，呈现未来细节，引发思考。

上述五个关键节点和步骤要素还可以串联成弹性的循环模块以及隐性的设计闭环。第一，未来语境、设计工具和场景构建，形成以“探索”和“价值”为目标的第一个循环模块。第二，设计工具、场景构建和身体穿戴，形成以“叙事”和“迭代”为目标的第二个循环模块。第三，场景构建、身体穿戴和技术实现，形成以“实现”和“沟通”为目标的第三个循环模块。三个模块交织叠加，串联成以探索、叙事和实现为目的的“生成”线索，以及以沟通、迭代和价值为目的“评价”线索，构成完整的设计闭环（图4-1）。可以把每个循环模块视为整个路径的子系统，子系统中的各要素关系是不断往复增强、螺旋上升的状态。当一个子系统明确后，再向下一个子系统进发，随着子系统的不断循环优化，重叠组合到一起时，会更加接近于设计师心目中的理想未来。

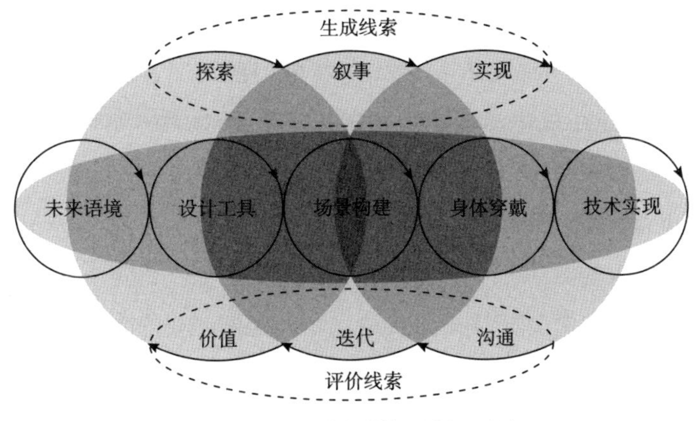

图4-1　面向未来的首饰设计循环框架

一、从探索到价值

未来是多种多样的，在第一个循环模块设计师需要认识多样的未来种类，掌握不同的未来特性，鼓励在可预测未来的范围内进行探索调查，完成设计价值的目标定位。促进设计师在宏观的时间线索中，对现实世界的单一认知进行反思，突破当下视域，产生新的设计出发点。未来三角工具可以帮助设计师梳理过去、现在和未来的关系，将复杂因素进行分类，以便找到重点问题。未来锥和未来分类模型也能够起到辅助判断的作用，将含混、抽象的未来形式区分开来。只有明确了未来语境的种类，才能够明确设计价值的属性，从而制定出更加合理的行动策略和输出标准。

"有什么样的主体就有什么样的价值标准和价值原则。"[1]价值定位的意义在于，讨论清楚设计可以在何种维度或层面上产生作用。对于不同种类的未来，设计结果有着不同程度的可用性和价值意义。此外，价值定位还关乎设计优劣的认定标准，语境的不同，输出的语义也随之发生改变。

在分类认知与聚焦定位的基础上，设计师在对应的未来范畴内进行广泛的信息调查与知识探索。未来分类工具可以帮助设计师区分海量信息，然后进行学习、分析与推导。调研的内容包括引发反思的文化现象、社会热点事

[1] 李德顺．价值论：一种主体性的研究［M］.3 版．北京：中国人民大学出版社，2020：215.

件、技术话题、趋势判断或规律等。设计师通过对上述调研内容的观察、研究以及深度思考，形成对未来的模糊推测和适度想象。探索式调研的手段包括浏览热点新闻、文献资料阅读、新知识调查、专家采访问询等。采用广度与深度相结合，通过整合性分析，找到具有启发性的潜在刺激，从而产生后续的设计行动，让未来想象有所根据，让原本模糊不清的未来开始出现轮廓。

该阶段的探索过程既具有开放性，又带有明确的目的性，既需要宽阔的研究视野，还需要适度的聚焦。探索是具有包容性的实践过程，而定位则更加注重准确性。虽然调查的对象是客观世界，但定位却是一种主观认知。鉴于上述特征，设计师的注意力需要在探索和定位这两种行动景观中自如缩放，从而明确面向未来的价值观念取向，对自身的思路、观点和行动起到约束作用。

二、从叙事到迭代

未来意味着尚未经历，与当下的情景不同，存在不确定性与未知性。第二个循环模块的关键在于借助工具构建具体的未来场景，把不确定性和未知性当作一种设计空间，体现出设计的创造力。在未来场景中生成以身体为媒介的造物想象，以不断迭代优化的设计方案臆想未来身体的可能性。

在这个循环模块中，场景始终处于核心位置。“场景提供了建立识别和联系的系统，同时包含了好奇心、发明和创新等一系列行为。”[1]在设计过程中强调场景的作用，可以使设计师的关注点从单一转向系统，从静止转向流动。场景是在特定时空内发生的行动，以及由角色关系所构成的具体画面，人通过行动表现故事发展的特定过程，包含时间、地点、人物、事件、行为等因素。设计需要被放在特定的使用环境下、为特定对象、以某种前提作为条件展开。很多情况下，人们看待某件物品的态度，不仅关乎物品本身，还有物品所处的场景，以及在场景中浸润的情感。在新的场景中，诸多要素之

[1] YAN JIN，OREN BENAMI. Creative Patterns and Stimulation in Conceptual Design [J]. Artificial Intelligence for Engineering Design Analysis and Manufacturing，2010，24(2)：191-209.

间的关系得到了重新组合，产生出不同的佩戴需求。在新的连接下，设计师要重新定义、扩展首饰的功能意义和价值特征，使其发展为场景系统的重要节点。

未来场景是人们根据过去的已有经验或当下的信息线索，对未来进行的合理推测，既是可能性的预演，也是一种愿景规划的展示，体现出设计师跨越非线性时空的综合能力。“场景并不意味着对未来的预测，而是将未来的可能性以一种‘艺术化’的方式表现出来，以便设计师对这些情况进行反思并采取下一步行动。”[1]构建未来场景的行为，能激发人们主动参与到所描绘的未来情景中，发挥出设计的能动性。

除了通过场景激发具体的设计方案外，迭代也是重要的工作内容。在方案产出的过程中，不断将其还原到场景中进行反思和评估，持续地优化修改。当未来想象转化为具体的设计物品时，“未来”就进入了“现在”，两种时空状态集合在设计原型上，产生出了有趣的反差和对比，有时甚至是冲突。设计物成为关联未来和当下的纽带，作为一种时间的沟通媒介，让未来离我们更近，也更加亲切。

三、从实现到沟通

第三个循环模块是以场景为先导，以身体为中心，以技术为基础的工作进程。该模块的主要任务是完成设计方案的模型建造、原型实物制作，以及使用多媒介的叙事手段可视化未来场景，完成概念和方案的展示。通过不断地向外输出，与公众形成沟通与交流。

数字技术对场景的可视化构建提供了帮助，丰富的数字技术形式能够充分展示场景中人、物、环境之间的创新关系。通过推动前两个循环模块，产出具体的设计概念和方案需求，然后再使用各类数字技术对前序需求进行响应，从设计端、制造端、传播端对现有技术进行整合。首先，利用设计端的软件工具完成可视化建模和渲染，对结构进行仿真验证，借助参数化工具生

[1] BENJAMIN WOO，JAMIE RENNIE，STUART R. POYNTZ. Scene Thinking：Introdoction［J］. Cultural Studies，2015，29(3)：285-297.

成首饰造型。其次，利用制造端的个性化3D打印、CNC数控切削、激光雕刻等技术，完成实物原型的制作。最后，利用传播端的仿真动画、网页、虚拟现实、增强现实等技术，完成场景的展示与体验。借助多样化的数字技术手段，能更好地呈现虚构的未来景象，促使设计师重新思考设计与技术的应用关系，感知技术在开拓面向未来的创新中所扮演的积极角色。多种数字技术手段的综合运用，考验着设计师快速掌握新知识的能力，借助第三方工具平台、小型服务商以及成熟的技术接口等方式，可以提供有效帮助。

无论是设计的实现，还是面向公众沟通，都需要技术条件的支持。设计师以应用为导向，以协作为基础，积极尝试不同的技术组合，构建独特的工作流程，将技术视为激发未来想象的必要手段。

为了更好地理解面向未来的首饰设计路径，以2021年北京服装学院本科三年级专业课程“首饰数字化设计与制造”中的作业为例，进一步说明各循环模块的作用和联系。部分案例会在第五章的实践部分进行详细的过程阐释，在此处仅是概括性的描述，用于说明方法的实践效果。

在《植物疗愈首饰》系列作品中，设计师主动探索具有疗愈功能的首饰设计过程，将叙事场景设定在“植物疗愈馆”中，利用便携的“可佩戴”植物，从人与植物的感官互动，如视、听、触、嗅、味等角度，帮助佩戴者获得内心的缓释与平静。该案例结合人的情绪现状，让具有生命性的植物首饰成为情绪的影响因素。最终通过三维软件建模、弹性树脂3D打印以及虚拟现实展示等技术手段，完成设计的实现与沟通，建立通过植物进行疗愈的未来首饰服务系统。

在《身体印章首饰》系列作品中，设计师从社会热点事件出发，反思传统的镶嵌方式，将叙事场景设定为“宝石印章商店”，进行商店场景的视觉再现，通过便携式的宝石印章工具达到装饰身体的目的。该案例最终通过三维软件建模、3D喷蜡打印与铸造、激光雕刻以及互动数字影像等方式进行设计实现与展示，实践以身体为中心的叙事创作。

在《气味记忆首饰》系列作品中，设计师将未来场景设定为承载气味记忆的“虚拟体验馆”，设计出具有气味留存功能的新型首饰，支持佩戴者通过虚拟展厅与首饰进行互动。佩戴者通过线上平台，上传记忆故事，定制带有个人回忆属性的气味首饰。最终通过三维软件建模、3D喷蜡打印与铸造、网页技术和仿真动画技术等，实现线上、线下的互动沟通，激发设计的多种体验方式。

以上实践作品均基于面向未来的首饰设计路径，借助三个循环模块推进设计任务（图4-2）。通过探索与价值循环模块，推演出具有明确价值定位的未来语境。通过叙事与迭代循环模块，完成场景叙事和设计方案的产出。最终通过实现与沟通循环模块，完成设计制作与展示传播。探索、叙事、实现构成的生成线索，激发出有效的设计方案，沟通、迭代、价值构成的评价线索，对设计方案的可行性与有效性进行反思与复盘，形成完整的设计过程。

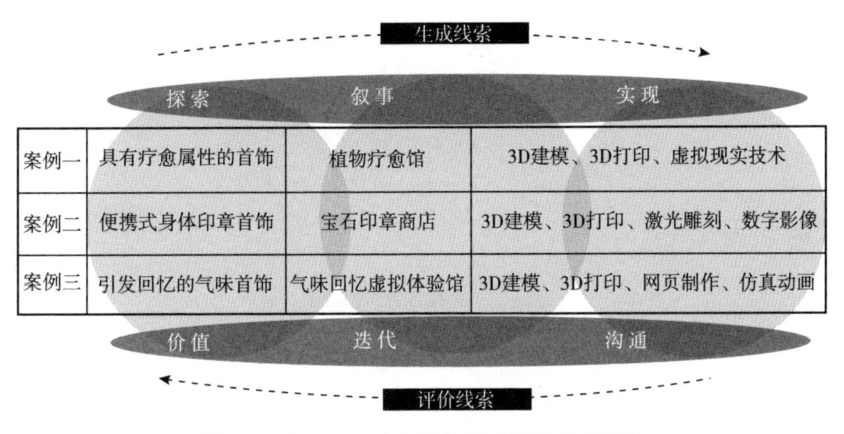

	探索	叙事	实现
案例一	具有疗愈属性的首饰	植物疗愈馆	3D建模、3D打印、虚拟现实技术
案例二	便携式身体印章首饰	宝石印章商店	3D建模、3D打印、激光雕刻、数字影像
案例三	引发回忆的气味首饰	气味回忆虚拟体验馆	3D建模、3D打印、网页制作、仿真动画

图4-2　基于未来首饰设计工作框架的案例分析

第二节
典型工具的支持

一、未来场景定位

定位未来场景的属性是为了明确设计的目标和意义。当设计师认识到激发新的认知有助于产生设计理念，就可以通过工具和方法支持这个过程。未来场景定位模型对未来的复杂特性进行抽象化的总结、归纳与分类，作为一种识别和定位工具，帮助设计师明确设计概念所处的位置（图4-3）。潜在的未来植根于过去与现在的社会、经济和技术条件，是人们对目前所处状况的一种预期。基于线性的时间观，过去、现在和未来属于三种典型的时间方向，将过去、现在和未来并置在时间线上，表明三种时间形式的演进关系。在过去和现在的基础上，未来可以通过分析、预测和推演，对未来进行合理的想象与判断。

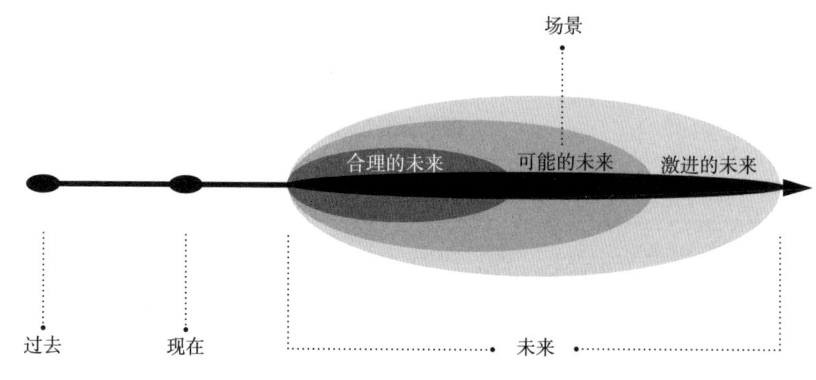

图4-3　未来场景定位模型

为了让设计师更加明确，需要对未来的范畴进一步细分。第一类是合理的未来，属于已有事物的线形延续，容易被想象、创造和获得。由于合理的未来确定性较高，会因为过于接近当下的现实情况，限制了想象力的发挥。第二类是可能的未来，即对可能发生的未来进行合理想象，符合常理的同时又充满不确定性。第三类是激进的未来，接近于虚构式的想象，无法推测是否会真正发生。上述三种未来的特点各不相同，关注不同种类的未来，会得到不同性质的设计结果。其中第二类未来范畴中的想象成果最具启发性，通过推演将不确定性转化为创造力，一方面与常规设计过程形成区别，另一方面也能对当下的行动提供有效参考，既可掌握，又有适度的想象空间。

从可能性、影响力和启发性三个维度理解不同的未来形式，可以得到如下结论：在合理的未来范围中，蕴含可能性的空间较小，对人构成的影响具有强烈的现实意义，从而启发性和反思性较低；在可能的未来范围中，可能性的空间较大，对人的影响程度较大，能够对当下形成有效的启发。在激进的未来范围中，可能性的空间最大，但是对真实世界的影响程度最小，对当下的启发多为思辨层面的批判。鼓励在可预测的未来范围内进行定位的原因，并不是否定其他未来形式的贡献。需要强调的是，不同种类的未来想象能够导致不同的设计效果，适合不同的设计目的，设计师可以结合自身的意愿进行选择。尽管设计师可能会希望探索更加自由的未来范围，但不能忽略设计结果对真实世界的启发，需要重点思考未来如何与当下建立联系。

二、未来场景画布

未来场景通过叙事，呈现特定时空内一系列人、关系、行为、环境的微观集合。“在未来场景中，讲故事得到了广泛的应用，并在知识建设和动机促进方面呈现出良好的效果。”[1]为了更好地产出叙事想象，通过未来场景画布工具，在假设性的情景条件下，刺激设计师产生具体的设计想法。

未来场景画布是用来产生场景想象的辅助设计工具（图4-4）。该工具可以分为三个部分：第一部分位于中心位置的场景概念，以关键词形式呈现；第二部分向外扩展，构建具体的场景想象，根据潜在的刺激条件，进行人、关系、行为、环境的推演式想象，以关键词、文本或图像等方式来表述；第三部分位于最外围，是将场景继续向外进行细节化的扩展，想象身体在该场景中的关键作用，从而创造出激发叙事的“身体道具”，即首饰的具体设计方案。方案内容包括首饰的形态外观、结构、颜色、功能等，并以关键词、文本或者草图的形式予以记录。在未来场景中，首饰不是突兀和生硬的存在，而是身体介入后自然产出的关键因素。将穿戴在身上的首饰理解为场景中的刺激物，能打破仅从外观美化入手的设计思路，以更具包容性、扩展性的角度激发创造力。“视觉的、身体的、意识的是人与物的三重关系，以身体去获取知识，去理解人与物、情景与主体之间的真实关系，能够启发设计师跳出视觉性的局限。”[2]

未来场景画布工具通过视觉和文字的形式驱动、规范和约束设计行为，为后续的设计实现和技术应用提出明确的需求。未来场景画布跟未来轮一样，是设计过程中重要的工作记录，用来复盘发散过程，属于结构性的头脑风暴工具，既具有一定的引导性，又有较大的发挥空间（图4-5～图4-7）。

❶ ANNE-MARIE WILLIS. Designing Back from the Future [J].Design Philosophy Papers, 2014, 12 (2): 151-160.

❷ 唐林涛．设计中的“身体—意识”[J]．包装工程，2019，40(20)：1-8.

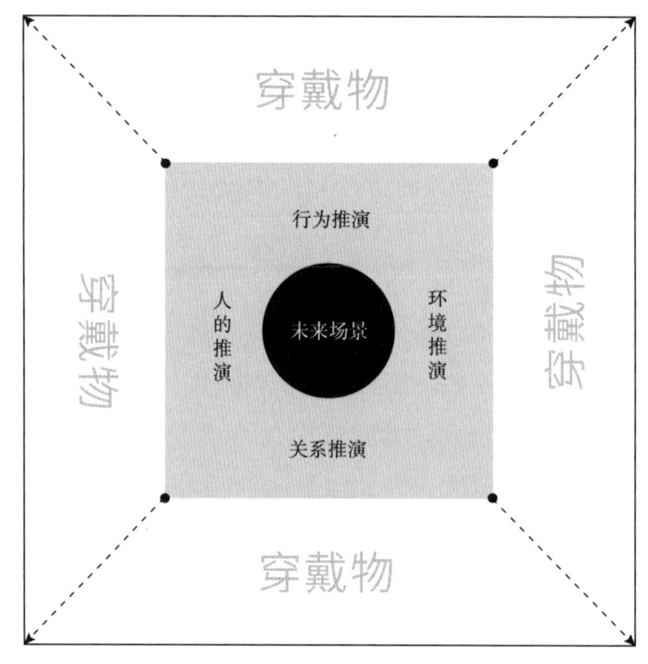

图4-4　未来场景画布工具

画布的完成需要建立在调研的基础上，结合推测式想象、飞跃式想象和虚构式想象的共同作用，产生出一系列关于物的思考，是理性判断叠加适度想象的结果。在轻松的工作氛围中，团队可以通过未来场景画布相互激发。经过发散式的讨论，画布被填充上各种内容细节，然后经过团队的集体评议，仔细斟酌后进行选择。某种意义上未来场景画布属于共创型工具，可以帮助设计师们在协作过程中形成共识和认同。

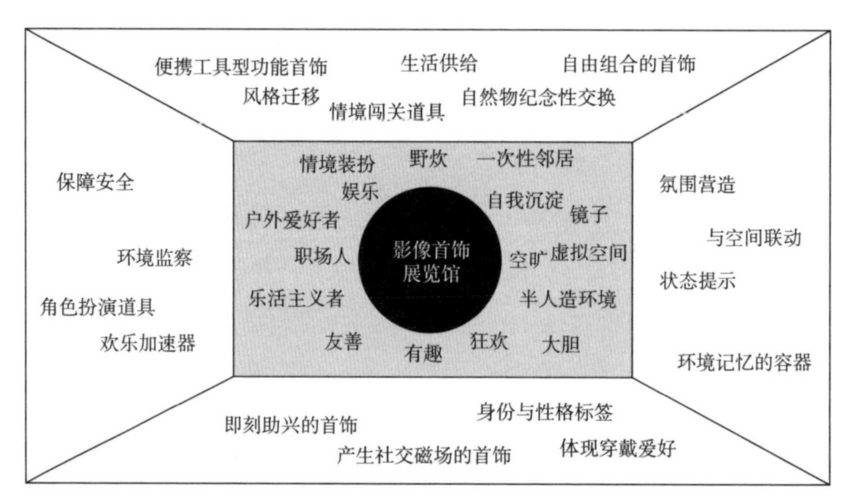

图4-5　以影像首饰为概念的未来场景画布

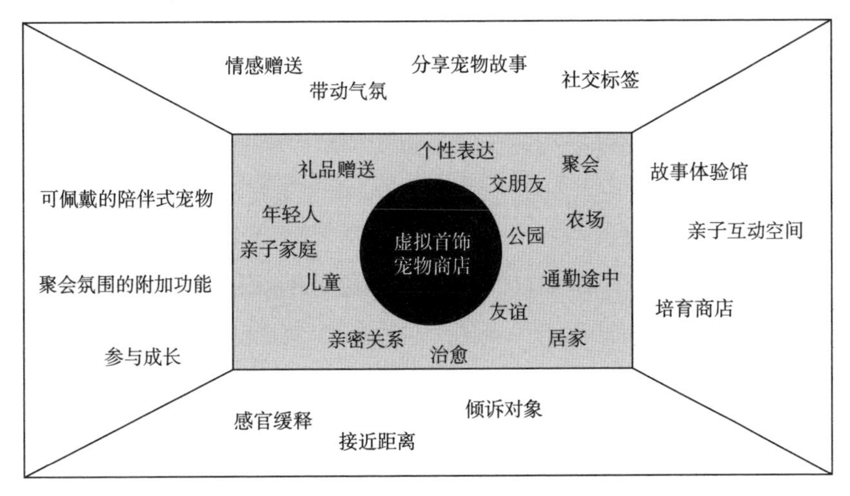

图4-6　以虚拟宠物首饰为概念的未来场景画布

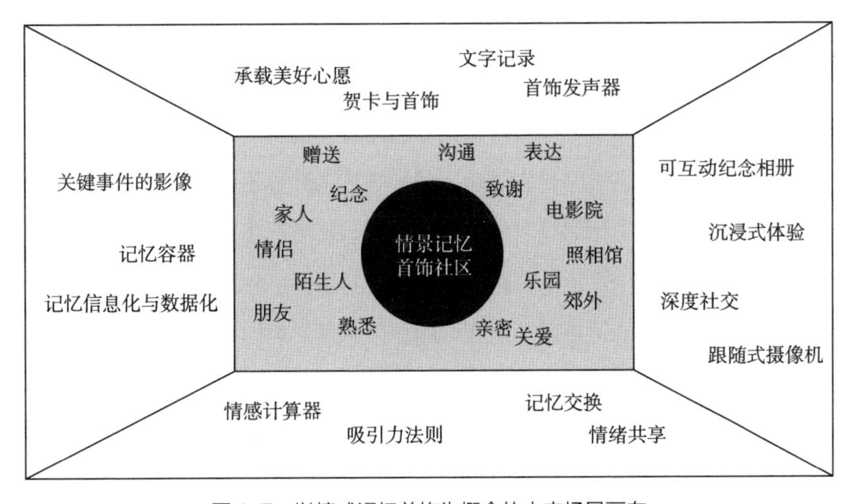

图4-7　以情感记忆首饰为概念的未来场景画布

为了降低操作的难度，在使用画布工具的过程中，可以对场景部分的人、环境、行为和关系进行分别想象，再通过逻辑性的串联，建立上述四个方面的密切关联，从而形成完整的场景描述。该画布工具的使用并非一蹴而就，也不会马上达到理想效果，而是通过反复的迭代，最终形成相对稳定、成熟的集体决策。如果在概念发散阶段使用该工具，可以仅使用关键词或文本叙述。如果在产出设计方案阶段，使用图像拼贴、设计草案、功能注解等方式更佳，能更清楚地说明身体穿戴物的视觉状态。

第三节
效果评价模型

评价，即评定价值，通过各种评价方式表现出人们对价值客体的态度以及心理活动。“早在20世纪50年代，心理学领域对于创造力研究十分关注，创造力被视为个体天分的产物，或者一种人格特质和认知方式。”[1]创造潜能既受到个体因素的影响，也受到社会环境的制约。学者们致力于发现科学的方法和工具，进行创造效果的评价，如创造力思维测验（Torrance Tests of Creative Thinking）、同感评估技术（Consensus Assessment Technique）等。

尽管不同对象的评价内容多种多样，但仍有着共同的行为准则。评估对象是由多元素组成的有机系统，评估目标是寻求总体的最佳效果，评估要协调各个环节之间的关系，以便进行全面的综合评价。另外，需要制定可以付诸实施的创造力评估策略，应对评估环境的复杂性、不确定性和多变性。评估对象和过程本身是相对稳定的，但是内容与环境是多变的，需根据变化情况做出动态的评估决策，而不是一劳永逸。基于同感评估的内涵以及内隐理论，结合未来设计的特点以及创造力的评价原则，可以设置多层面的内容维度，用于评价设计过程中的创造力表现，同时指导设计师的能力建设，树立清晰的目标。

未来科学家罗伊·阿玛拉（Roy Amara）在论文《对未来研究方法的看法》（*Views on Future Research Methodology*）中，重点讨论了未来研究的验证以及如何把控质量标准，并给出了三个评价维度，分别是未来图景的合理性、预测的可重复性以及价值或影响的明确性。以上三方面可以提高未来研究的质量和效用。[2]可见对面向未来的设计过程展开评价，目的不仅在于获得结论，而是通过评价呈现设计方法的特点以及发现潜在的问题。对应设计路径中的三个循环模块，提出价值、能力和效果三个层面的评价模型（图4-8）。其中，探索与价值循环模块对应价值层评价，设置新颖性、启发性以及前瞻

[1] 衣新发，王立雪，李梦．创造力的社会心理学研究：技术、原理与实证——特丽莎·阿马拜尔及其研究述评[J]．贵州民族大学学报（哲学社会科学版），2018(2)：98-114.

[2] ROY AMARA. Views on Future Research Methodology[J].Futures，1991，23(6)：645-649.

性三个评价内容；叙事与迭代循环模块对应能力层评价，设置发散能力、推导能力以及分析能力的评价内容；实现与沟通循环模块对应技术使用效果层评价，设置设计效果、制造效果以及展示效果的评价内容（图4-9）。

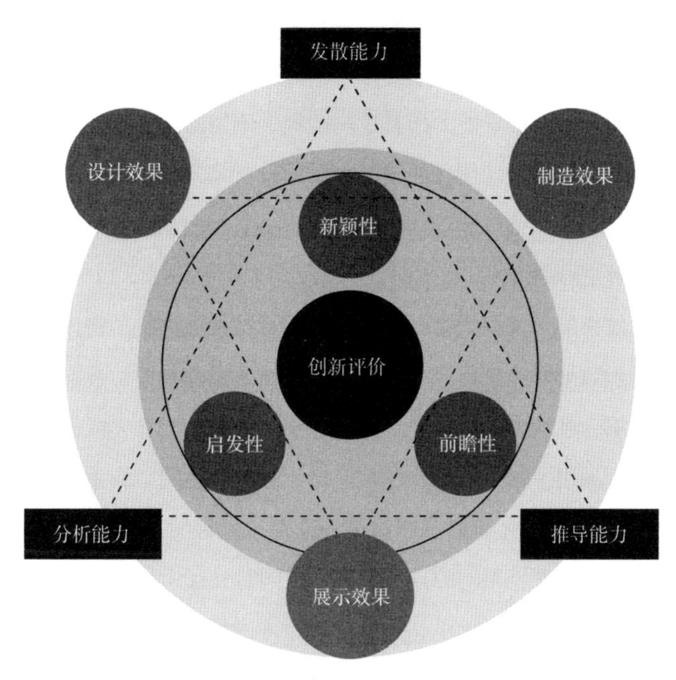

图4-8　未来首饰设计创造力评价模型

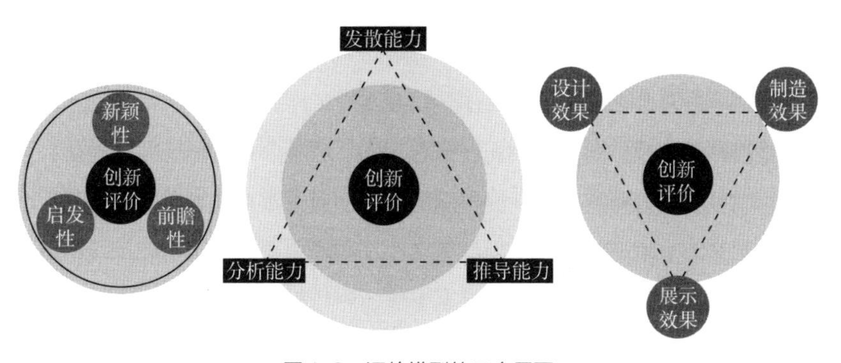

图4-9　评价模型的三个层面

评价模型中的三个层面代表着不同的考察维度，在模型中发挥着不同的作用。第一是价值层。价值观念不同，意味着衡量事物的意义和标准不同。人们用既定的尺度评判事物，从而形成了自己的态度和选择。所以对于概念价值的把握，应作为评价模型的核心，是价值意识的体现。在价值层中，设置新颖性、启发性和前瞻性三个评价内容。新颖性指跟大多数设计相比，概念的差异化程度。启发性指能否为他人带来行动、想法或思路上的借鉴与参考。前瞻性指是否具备突破性意义，能否为其他设计提供方向性的指引。

第二是能力层。能力是设计师在特定思维的引导下掌握方法和工具的程度，以及完成目标的内在水平。能力层着重对设计行为的过程进行评价，设置发散能力、推导能力和分析能力的评价内容。发散能力指根据已知信息触发多种联想的能力。推导能力指有逻辑性地推测出新认识的能力。分析能力指拆解、分类、洞察设计信息的效率，借助分析结果有效推动工作进展的能力。发散能力、推导能力和分析能力，分别对应不同的设计阶段和思维框架，起着交替主导的作用。

第三是效果层。模型的第三层注重对设计结果的评价，将设计效果、制造效果和展示效果作为工作目标。设计效果指方案在外形、色彩、结构、功能等方面的综合性视觉效果。制造效果指设计实物的工艺完成质量和制作精细程度，是否采用了恰当的技术形式。展示效果指运用综合手段呈现设计结果，让隐含的设计理念和创意想法被公众感知，建立双向沟通的通道。设计、制造和展示隶属于不同的设计阶段，但同时又互为基础。

在上述评价内容的指示下，设计师对于不同层次的创造力表现有了明确的认识，同时了解到不同内容要点在设计过程中的关键作用。上述评价内容相互依存、相互渗透、相互转化，既是设计师创造性成果的考察工具，也体现出了面向未来的设计行为特点。评价主体会经历复杂的心理活动过程，兼顾立足现实和着眼未来。

评价是意识对存在的反映，评价模型的构建意图，是设计结果客观价值事实的一种反映。希望借由评价模型表达人们对未来设计的看法，与其把评价模型定义为规定或指令，不如理解为态度和愿望。面向未来的设计创新较难建立明确的价值标准，正如科学家罗伊·阿玛拉认为的，尽管未来评价是有规律可循的，是有明确的价值影响力指向的，但却很难被标准化，并且需要在实践中不断修正。面向未来的设计评价，比解决问题的设计评价更加复杂，除了讨论价值、能力和效果外，还应该关注设计师的学习方式，即为了解决当下并不存在问题，应该具备怎样的综合性知识、技术和思想。此类学习不是从老师的讲授中获得，而是依靠设计师自发、自主的学习意识。

第四节
困难与挑战

一、未来场景的系统观

系统无处不在，系统思考是应对复杂挑战的有力工具。诸多复杂问题的解决都依赖于系统观，如可持续问题、贫困问题、生物多样性以及气候变化等。在面向未来的首饰设计路径中，不仅表现在“质”和“量”的提高，还表现在对首饰内涵的重塑，提高了挑战的难度。设计是一个以事件为整体考量的系统过程，不是单一物品或某一节点的突破，需要贯穿概念、设计、实现的全过程，是功能创新、形式创新、体验创新多维度交织的组合状态。

未来首饰设计框架中的线形步骤、循环模块以及闭环路径，需要在系统思维的驱动下，建立从微观到宏观，再从宏观到微观的设计视野。未来场景中的人、事、物、环境、行为复杂交织，离不开系统观的统筹。创新的视角和出发点根据对象的不同有着截然不同的效果，无论是在横向的维度中寻求差异，还是在纵向的维度中寻求突破，都需要具备全局意识。

系统是由一群有关联的要素组成，根据某种诉求或目标，完成个体无法独立完成的任务，各要素相互联系、彼此制约，为了共同的目的连结为一个整体。要素之间以特定的模式相互影响，并在一定时间内保持稳定。目标、要素、连接关系成了系统的重要组成部分，任何一方面改变了，系统也随之发生变化。[1]

我们生活在一个彼此关联的世界，没有人或事物是绝对独立的个体，人们在认识事物的时候，要将对象放在普遍的联系中，综合地考察与认识。系统思维也被视为一种整体观和全局观，无论是宏大的还是微观的系统，都有其内在的运作规律以及嵌套机制。我们不能孤立、分割地看待问题本身，而是注重问题与其他要素之间的关系或复杂情况，借助系统思维呈现问题的全貌，找到问题的根源。在系统性思考时兼顾局部与整体的关系，从整体思考

[1] 梁颖，武润军，许迎春，王可．设计师的系统思维［M］．北京：机械工业出版社，2019：18.

局部，从局部思考整体，设计师既创造系统，又成为另一个系统的一部分。

除了整体与局部的关系外，系统观还决定了认识问题的深度。在未来场景中除了有形的人、物、环境外，还有无形的动机、情感、态度等，无论是看得见还是看不见，都会在系统中起到关键作用，影响系统效率。

设计师要明确场景系统的目标，设定系统中的关键要素，以及要素之间的连接方式，从而充分构建场景的运作机制和协作关系。场景系统中的要素可以是具体的内容，也可以是整体的子系统。设计师要设定明确的场景核心，但也要学习突破场景边界，上升到更为宏观的层面去构建系统，才能够找到真正的问题所在。例如在2022年北京服装学院本科三年级课程作业《昆虫仿生形态首饰》系列作品中，设计者借鉴昆虫间的沟通交流方式，增强人类社交活动中的具身体验。将穿戴物作为沟通的关键媒介与道具，创建了微观意义上的新型社交场景系统。系统中包括信息编码、解码方式、物、人、环境、行为等诸多要素。该场景成为青年社交方式的一种新选择，强调差异化社交的同时，关注造成新社交需求的动机和原因，反思当下青年生活方式引发的诸多问题。一方面，设计师即要构建场景的边界，明确设计行为的属性和目标。另一方面，设计师也需要主动模糊、弱化和扩展场景的边界，才能看到更大的系统，反思自身所处的位置以及可能产生的贡献。

未来场景中的系统观，可以理解为一种开放的心态和以科学的方式产生设计决策的观念和意识。意味着设计师对待未来采取了怎样的态度和方法，是否对未来和自身构建的场景建立了全面、深入的理解。未来场景系统具有以下几个特征：第一，由于未来场景的虚构性，在决策过程中不能仅将合理性作为依据，而是以合理性为基础，叠加跃迁性和虚构性，三种属性同时并存，设计师的心智状态需要理性、敏感以及大胆；第二，未来场景中要素之间的结构是灵活的、流动的，基于虚构创建的连接关系拥有较高的自由度，设计师要更加慎重地思考影响和后果，避免天花乱坠的编造，而是负责任地搭建规则与逻辑关系；第三，未来场景系统的目标不是解决某个现实问题，也无法直接嵌套到某个已有的系统基础上，这就对设计师的想象力提出了较高的挑战。

未来场景的系统观体现在利用系统性思维，看到未来场景中的“隐形空间”，即丰富的创新资源，既要看得深入，还要看得长远。系统中要素之间的关系往往是一种隐性的存在，设计原型需要改变、影响甚至调节这种隐性的存在，才能产生作用。如果仅从单一视角开展设计，优势将会被系统稀释，效果会被减弱。看待问题的深度和远度，决定了最终解决问题的效果。狭隘的聚焦点无法从根本上改变现状，设计师的创新视野需要上升到系统的宏观层面，调和矛盾，重塑关系。当未来场景的背景信息复杂且混乱时，系统观可以帮助设计师全面了解状况，看清全局的走向和趋势，呈现出各环节要素的普遍联系。对事物进行系统化的了解，有助于设计师拓展新思路以及减少判断失误。设计师摆脱了视野的局限，站在足够高的位置上时，自然看得更多、看得更远。

通过刻意的训练可以帮助设计师获得系统观，通过思维的结构化，扩展全局视野。首先，确定问题范围和设计目标，然后尝试拆解问题，构建要素之间的可视化关系，这需要是动态的关系，而不仅是静止的关系。接下来，通过绘制系统地图完整呈现要素之间的因果逻辑和连接关系。系统地图能够清晰地展示架构、表现系统面貌，参与者可以讨论地图中存在的问题，进而改善系统，增强概念说服力。总之，避免局部思考、静止思考、表面思考，强调整体思考、动态思考、深入思考是系统观的主要表现。

系统动力学是一门认识和解决系统问题的交叉学科，提出找到系统中关键要素的因果关系，从而驱动整个系统的功能结构变化，成为系统发展的关键动力。设计师需要具备这样一种意识，即把设计当作系统中的关键因素，研究设计与其他要素之间的连接，分析不同要素构成的相互作用，如此才能找到复杂问题的根源，把握解决问题的契机。在宏观层面，未来愿景和设计目标用于校准场景系统的方向。在微观层面，首饰作为场景系统中的要素之一，需要依靠设计师构建首饰对其他要素的相关影响，赋予首饰新的意义。

二、未来场景的虚构叙事

“我们都会讲故事，这是最自然的信息交流方式之一。”[1]故事增强了人们对未来的反思，以一种虚构式的假设，推动人们对未来建立广泛的理解，通过讲述故事，解释未来的魅力。“未来情景成为了一种特殊类型的故事，

[1] 奎瑟贝利，布鲁克斯．用户体验设计：讲故事的艺术［M］．周隽，译．北京：清华大学出版社，2014：4.

故事的内容要么来自于预测产生的联想，要么关注人们的期望，以便勾勒出具体的未来场景。”[1]在未来场景中采用虚构叙事，成了一种方法，在可预期、可参与的未来中发挥作用。叙事本身就是在创造，未来场景中的叙事，是通过讲故事表达设计师对于未来可能性的见解。叙事的流动性活化了设计原型的静止状态，为设计师提供了动态的视野。虚构的场景故事是设计师对未来的当下想象，推动故事的发展，成为可感知的未来素养，也是设计师创造未来的重要能力。

“叙事是一种意义构建手段，我们以叙事的方式理解世界，成为隐喻过去、现在和未来的重要载体。”[2]叙事驱动的创造性实践，能够让参与者以现在为基础，充分发表自己的看法、思想和意图。在叙事中链接当下和未来、真实和虚拟之间的关系，始终以人为中心，通过故事情节串联逻辑。叙事能启发概念、理解概念，并且分享概念。

故事成为产生设计实践想法的重要资源，在未来场景中，设计师以故事的形式讲述自己的理念，但仅有故事是不够的，还需要思考如何表达和叙述故事，涉及叙事的角度、方法、媒介以及结构，所以故事和叙事两个概念之间既有联系又有区别。

未来场景中的叙事虚构包含“现实”和“超越现实”两个部分。首先，需要以现实原则为基础，以合理性为前提，借助现在的知识和已有的经验对其进行理解。在此基础上，叙事中的独特性、新颖性成为创新的来源，在超越现实的部分，成就了差异化的方案和原型。现实的部分建立在科学理性的认识和学习的基础上，超越现实的部分建立在想象力的基础上。未来场景中的叙事起到了承上启下的作用，向上体现场景的特征，向下启发具体的设计原型。上述特性也关联着未来叙事的效果，包括引人入胜、新颖难忘，也包括逻辑的推演质量。未来场景中发生的故事可以有多种属性，包括解释属性、描述属性、讨论属性以及概念属性等，在各种信息中激发共情。建立具有互动性、体验性的叙事过程是设计师的重点工作。互动性是为了激发讨论、建立交流，体验性是为了激发参与、共同想象。未来场景中的叙事，并

[1] RIEL MILLER. Futures Literacy：A Hybrid Strategic Scenario Method［J］. Futures，2007，39(4)：341-362.

[2] GENEVIEVE LIVELEY，WILL SLOCOMBE，EMILY SPIERS. Futures Literacy Through Narrative［J］.Futures，2021，125：Article 102663.

不是讲讲故事那么简单，还承载着多重意图。

“科幻小说是最常用来讲述未来的叙事形式，但科幻小说中的未来故事世界充满激进的、戏剧性的创新，是跟现在大相径庭的另一个世界。”[1]当我们借助未来场景定位工具将场景的范围划定在可能的未来范围中，就意味着未来场景中的叙事跟科幻小说中的叙事截然不同，前者受现在和过去的影响比后者更大。

在2022年北京服装学院的研究生课程中有一组主题为《虚拟种植IP首饰体验创新设计》的系列作品中，儿童成为场景系统的服务对象。设计者希望通过引导儿童感知赋予生命的过程，激发孩子的想象力，亲手设计“植物朋友”首饰，体验新的审美教育方式（图4-10、图4-11）。

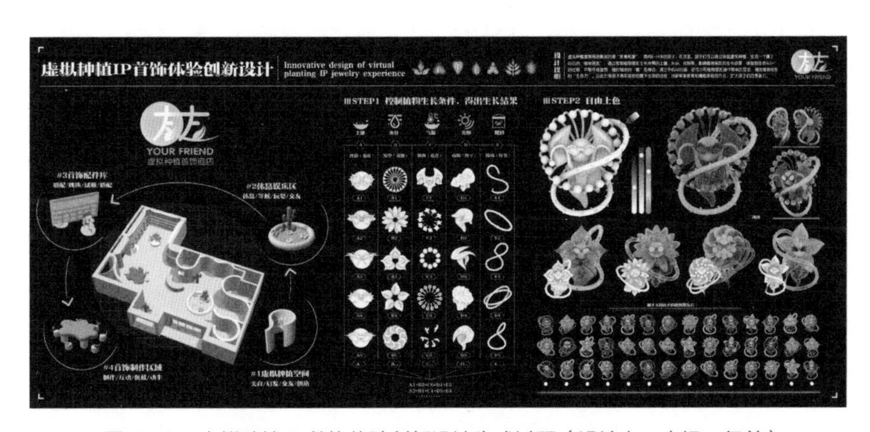

图4-10　虚拟种植IP首饰体验创新设计生成过程（设计者：麦扬、伊美）

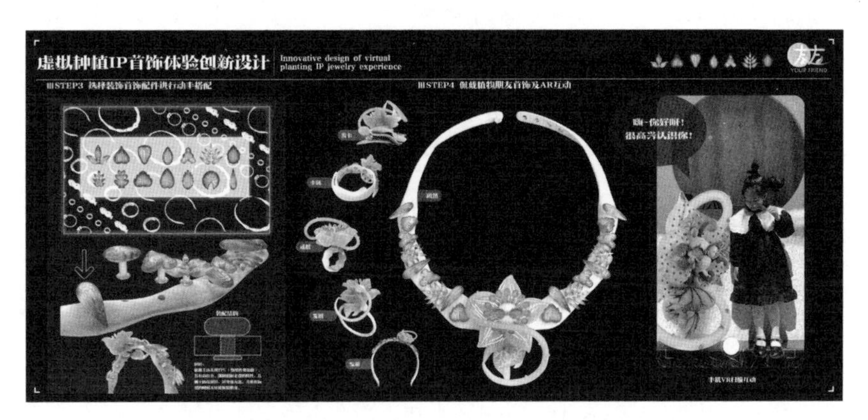

图4-11　虚拟种植IP首饰体验创新设计组合效果（设计者：麦扬、伊美）

[1] THOMAS LEE. Beyond Archetypes: Advancing the Knowledge of Narrative Fiction in Future Scenarios[J].Futures,2021,132: Article 102790.

在虚拟种植的场景中，设计师通过交朋友的叙事情节，包括挑选性格、外观组合、沟通互动以及在日常生活中的进一步接触，让孩子创造心目中理想的“植物朋友”。在外观的部分，借助基于规则的生成算法，将植物的色彩、花瓣、叶子、表皮纹理、花径等要素进行抽象化提取，作为外观的组成模块，在算法的控制下完成随机的造型生成。孩子可以自由调节种植的时间、花期、土壤、肥料、光照、气温等条件，影响“植物朋友”的外观。体验商店的布局是按照植物的种植方式进行动线设计，构成独特的用户体验旅程。孩子可以对生成的“植物朋友”进行角色化设计，将自己美好的种植愿望投射到虚拟生成的“植物朋友”上。最后，通过实物定制环节，将“植物朋友”与各种首饰配件结合，佩戴在小朋友的身上，进入生活场景。手机设备可以识别首饰，通过增强现实技术，让虚拟“植物朋友”跟孩子进行简单的沟通与交流，增加“植物朋友”的生命感，增强沉浸式的数字体验。在虚拟种植的场景中，故事串联起场景的所有要素，将需求、动机和行为整合在一起，增加了体验过程的趣味性。

三、未来场景中的知识创新

知识协同是知识管理范畴的重要内容，知识影响了设计师看待问题以及解决问题的诸多能力。未来场景中的知识创新超出了设计师自身的知识储备，跨学科、跨领域的知识交叉成为重要基础。“人具备情景式的未来思考能力，需要从认知学和神经科学的角度加以认识，是人的大脑和心智支撑思考未来的能力。”[1]首饰的未来语境涵盖远见、身体、场景、技术等关键词，设计师需要具备构建的能力、模拟的能力以及视觉再现的能力，包含了设计学、未来学、认知学、计算机科学等跨学科内容。设计师需要分析问题的成因、陈述概念的理由、设定相关的角色、寻找突破的方向，获得期望的结果以及潜在的解决办法。为应对上述问题，设计师一方面利用自身的既有知识，另一方面整合外部知识，学习陌生知识，在不确定性中创造新知识。

[1] KARL K SZPUNAR，GABRIEL A RADVANSKY. Cognitive Approaches to the Study of Episodic Future Thinking[J]. Quarterly Journal of Experimental Psychology，2016,69(2):209-216.

学科之间的知识交流是重要的学科发展路径，不同知识在场景中相互拉近，促进知识交流，成为创造新知识的一种方法。知识管理视角下的知识协同，强调建立以协作、共享和合作为目的的知识网络，既要与外部知识协同，也要充分调动自身内部知识协同，在知识与知识的交汇点产生想法。

跨学科一词在20世纪20年代开始被使用。“从20世纪70年代开始，人类解决问题的研究从当时的简单、静态、明确的学术问题，转移到复杂、动态、不明确和现实的问题。”[1]日益复杂的社会需求和社会问题，驱动了跨学科工作机制的形成。人们通过系统内要素的数量，以及时间的动态变量，来定义研究对象是否属于复杂问题。面向未来的设计过程显然符合上述要求。对于复杂问题的解决，需要多种专业知识的协作，掌握各相关学科的观点与方法概述。

跨学科知识协同的作用在于使人们对问题的理解更具包容性，同时强调多观点融合。跨学科研究的本质是启发式，呈现出对某问题的综合理解，并提出综合解法。[2]开展跨学科工作的目标分为两种：一种是以产生新理论为主的基础研究，在高度专业化的学科中推动基础知识的发现，产生出新的交叉学科方向；另一种是以解决问题为中心的应用研究，以加强专业实践为目的，意在解决社会问题或满足相关需求，响应社会挑战。未来场景中的设计诉求显然属于后者。但无论是产生新理论还是提出新概念，都属于新知识的范畴。

作为开展跨学科工作的前提，设计师需要对陌生知识充满好奇心，具备开放的思想和宽容的态度，同时善于自我反思。跨学科的协同是一个经历冲突、寻找共同基础，最终到达成共识的过程。甚至鼓励在工作中产生不同的见解和观点，调和矛盾的同时，有助于加深对其他学科的理解。设计师需要警惕惯性思维以及固有的工作方式，积极拥抱不同的视角，理性地整合资源、理解问题。设计师还需要具备一定的耐心以及较好的沟通能力，才能实践出有价值的跨学科成果。

开展跨学科、跨领域的研究工作，建立不同学科知识之间的桥梁，在充

---

[1] ANDREAS FISCHER，SAMUEL GREIFF，JOACHIM FUNKE，The Process of Solving Complex Problems[J]. Journal of Problem Solving，2012，4(1)：19-42.

[2] 艾伦·雷普克，里克·斯佐斯塔克．如何进行跨学科研究［M］.2版．傅存良，译．北京：北京大学出版社，2021：214-216.

分地理解和沟通后，产生最佳决策结果。我们可以将跨学科的知识协同过程分为以下四个部分。

第一部分：定义问题。界定未来场景中的问题是否属于跨学科问题，对问题的性质和内容进行复杂性分析。然后进一步明确场景中的知识需求，从而划分出学科范畴和领域种类。在明确任务的同时，建立融合式创新的工作框架。

第二部分：洞察认知。设计师需要跳出自身的惯性思维，形成对问题的新理解。对于陌生的学科领域，设计师需要学习新的信息，快速把握陌生领域的知识概况。例如，了解现状，调查历史发展脉络，搜索相关文献资料，整理关键词条，查找代表性方法或工具，请教该领域专家等，快速理解知识之间的差异等。

第三部分：整合分析。即确定知识关联的程度，开展融合的工作模式，形成一个更为全面的综合分析过程。该阶段的主要任务是寻求合作，在对陌生领域产生一定程度的认知和理解后，开始寻找适合的跨学科合作者，定义好团队的身份与角色，制定合作机制。整合分析的目的在于交叉启发，但是在开始工作时，由于合作者之间学科背景、思维方式、工作习惯以及专业经验不同，容易发生意见不统一。设计师需要理解这种矛盾，反思不同的见解，通过寻求共同的立场，找到解决问题的关键因素，通过整合观点，消除偏见。

第四部分：产生融合式的解决方案以及一系列包容性的决策。制造共同点是开始融合的重要趋势，在此基础上制订明确的工作方案。在方案的执行过程中，需要抽象化工作程序，绘制工作路径，阐述工作逻辑。将任务按照各自的学科优势进行拆解与分配，然后再优势合并。当然，还需要继续测试、反思和交流整合的结果，让跨学科的综合方法产生效果。在跨学科的工作过程中，往往需要学科背景迥异的人相互合作，项目进程管理也是一项重要的挑战。由于跨学科工作存在一定程度的风险，所以需要充足的时间进行磨合和探索，做好预期管理，因为不太可能马上得到理想的结果。

在关注知识的同时，不能忽略创造知识的环境。知识管理学家野中郁次郎提出了知识创造理论，注重对“场”的构建，即团队开展创造性活动的共享背景，是否能够加速知识的重组，从而提升设计师的概念创造力。“想要激活团队的知识创造过程，需要激活知识的‘场’，也就是形成积极的组织共享语境、文化或风气等。”[1]未来场景中的知识创造，需要重视产生知识的动机、条件和环境。团队成员通过积极促进对话、思考和共识，来平衡不同的意见。未来场景包含较多的想象成分，需要团队建立信念感，保持良好的心理状态，相信设计带来的良性影响。与此同时还要调和好发散性和严谨性两种截然不同的工作氛围。按照野中郁次郎在《创造知识的方法》一书中的观点，做到上述内容才能从新知识过渡到新概念。

“未来思考过程中的情感效应会影响模拟的关键特征，人在大脑中构建理想的未来和不理想的未来时会产生不同的认知过程。”[2]未来场景中的情感状态会影响参与者对未来的看法，人们认为积极的未来事件容易包含更多的细节，人们更愿意预先体验相关的内容。未来清晰化的过程中，跟视觉图像相关联越多，人们越容易获得良好感受，理解未来的速度会更快。虽然构建理想的未来和不理想的未来都属于想象过程，但显然前者的作用更加突出，更容易呈现积极的参与状态。美好的未来愿景能起到正向的引导作用。在未来场景中，重要的不是知识创新的结果，而是知识创新的过程和体验。

“未来新型的核心资产是三种能力的组合：想象力、想象力基础上的创造力、用技术实现想象力的能力。”[3]面向未来，是一种以终点作为起点的思考方式，是应对变化的积极心态，塑造未知的强烈意识，以及把握先机的综合能力，能够有效驱动设计师的前瞻性思考。当设计师把注意力从眼前的环境转移到尚未发生的事件上时，创造力随之产生。

引导设计师在特定的未来场景中构建人、物、环境的新关系，拓展数字环境中身体造物的设计可能性。在识别未来种类的基础上，进行设计价值的定位。借助数字技术手段参与创造未来的体验，强化未来的存在感。设计师通过主动式的研究，识别、分析以及推测出未来的发展趋向。基于批判性思考与逻辑推演，借助工具建立新的未来场景激发叙事和设计概念。同时以数字模型、产品原型为基底，从未来策略的角度展开和深化设计工作。最终通过高品质的视觉输出进行方案呈现以及高质量的展示。上述设计过程，通过

[1] 野中郁次郎，绀野登．创造知识的方法论[M]．马奈，译．北京：人民邮电出版社，2019：194.

[2] STEFANIA DE VITO, MARIA ADRIANA NERONI, NADIA GAMBOZ, MARIA A. BRANDIMONTE. Desirable and Undesirable Future Thoughts Call for Different Scene Construction Processes[J]. The Quarterly Journal of Experimental Psychology, 2015, 68(1): 75-82.

[3] 朱嘉明．元宇宙与数字经济[M]．北京：中译出版社，2022：36.

实践验证，比较、分析了设计师在各关键环节的设计表现，取得了良好的创新效果，证实了方法的有效性。但在目前的路径框架中，仅将未来视为设计过程的前置性补充，还需要继续深入地探讨，在各个步骤中注入未来因素。另外，在技术层面，设计师需要寻求更为多样的技术支持，扩展技术内容的丰富性，为潜在的未来场景孵化新的技术形式，做到场景创新引领技术进步。

面向未来的首饰设计过程，突破了形式美学、材料属性、工艺文化等固有的首饰研究视角，为当下的设计行动提供了启发和动力，是激发创造力和想象力的有效手段。我们希望利用未来愿景对设计的积极影响，探索出一条创造未来首饰设计的路径，构建独特的、带有实验属性的工作流程。我们并不需要真的回答出未来首饰的确切样子，而是将未来研究视为塑造现在、聚集想象、分享愿景的一种重要方式。

第五章 实践中的首饰创新

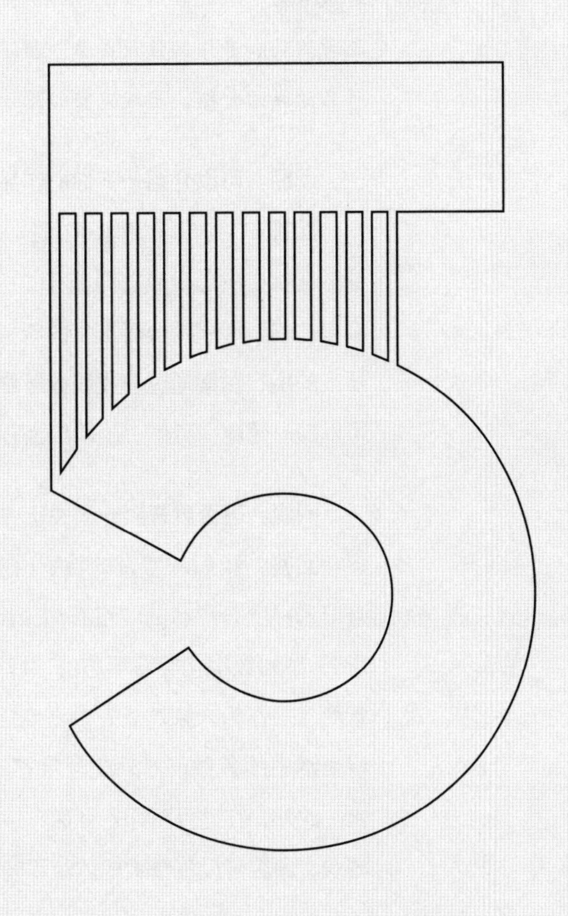

第一节
首饰与身体印记

设计名称:《身体印章首饰》

设计者：孙汇泽、张博涵、苏亦菲、翁榕

该系列设计从社会热点事件出发，将未来场景设定为“宝石印章商店”，宝石以刻印的方式与身体产生关联，通过痕迹压印进行佩戴方式的创新。设计成果为一系列具有工具属性的宝石印章，结合商店场景的视觉呈现，重新思考器物和身体的使用关系。接下来，将通过设计者采访实录，进行该系列作品的详细介绍，呈现完整的设计过程。

问题：可以介绍一下你们作品的设计理念吗?

回答：“宝石印章商店”是一家专门为顾客提供不同宝石佩戴方式的店铺。店铺中的印章首饰是基于“推压器”“听诊器”等医疗仪器造型，在与宝石的刻面形状结合后产生的新型压印工具。在使用印章首饰的过程中，仪器上的宝石图案通过与皮肤接触留下印记，从而形成新型的穿戴方法。人们可以随时随地在身体上压印出宝石的刻面图形，形成一种“佩戴符号”。

问题：可否展开谈一谈关于“宝石印章商店”的想法?

回答：我们从宝石的特征出发进行场景联想，相关场景有：按照个人喜好选择宝石形状的“宝石加工厂”，可自由交换非贵重宝石的“宝石交易所”，感知数字化宝石形态的“虚拟宝石档案馆”等。最终选取了“宝石印章商店”作为未来场景，参考商店的运营方式以及人们在店内的交互行为，将生活中的各种仪器外观与宝石元素融合，使顾客拥有独特的宝石佩戴体验。此外，在“宝石印章商店”中，我们还设置了名为“宝石胶囊”的互动游戏，顾客可以沉浸式地体验不同宝石的个性化组合。

问题：请阐述一下设计的依据是什么，做了哪些资料调研?

回答：在设计调研的过程中，我们搜寻了与医疗美容仪器相关的图片作为视觉参考，分析了医疗仪器的设计结构与操作流程，还调研了其他设计师在首饰设计创作中关于“印痕首饰”的案例。经过资料的整合明确设计方向，确定了在设计中强调首饰的使用属性。

在“宝石推压器”印章（图5-1、图5-2）和“宝石按摩仪”印章的设计中，我们将医疗美容仪器与宝石切割面进行置换重组。在仪器与皮肤接触的过程中，通过按压使这些宝石的切割面停留在皮肤之上，生成身体表皮的印痕。“宝石听诊器”印章同样是基于身体镶嵌的理念发展出的印章式耳饰，将设计作品佩戴在耳朵上时，背面凸起的宝石切割形态可以在耳朵上留下宝石印痕。此外，“宝石胶囊”的设计是由商店场景延伸出的互动性盲盒游戏，客户可以随机抽取“宝石胶囊”中不同形态的宝石进行替换。

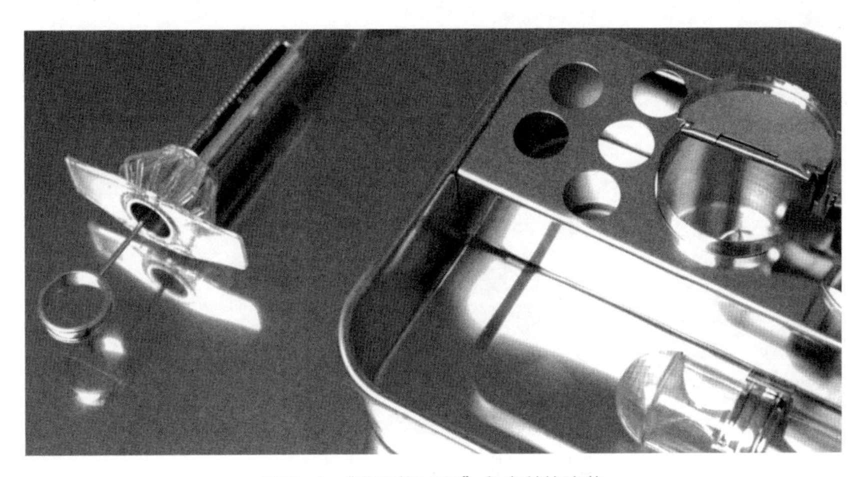

图5-1 “宝石推压器”印章首饰实物

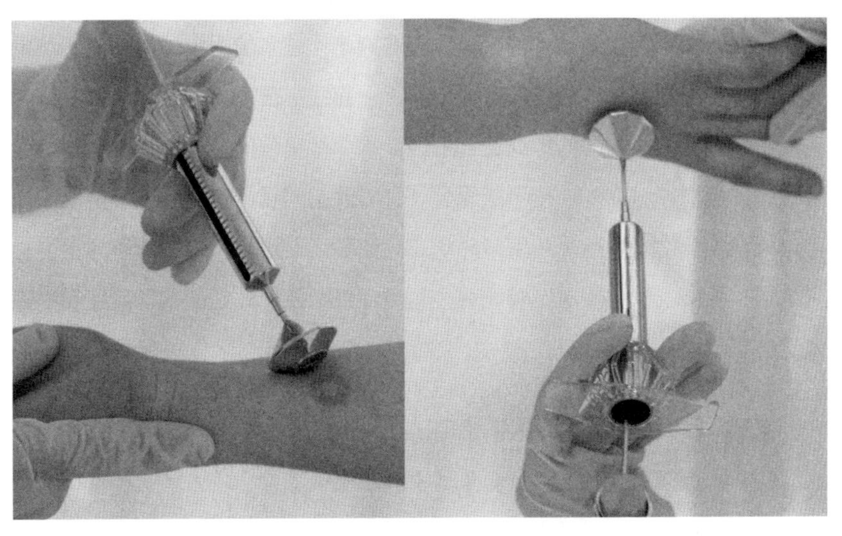

图5-2 “宝石推压器”印章首饰实景拍摄

问题：可否阐述一下你们是如何进行设计发展的？

回答：在设计初期，我们先从儿童玩具以及趣味游戏的角度思考，但是在设计的过程中我们发现上述视角不能很好地传递场景概念。于是，在经历了一轮设计迭代后，选取了“医疗仪器”作为参考对象，突出身体改造的理念。为了增强首饰的互动性和趣味性，我们还设计了能够进行替换的“宝石胶囊”印章首饰（图5-3），使设计方案更具系列感、趣味性和完整性。

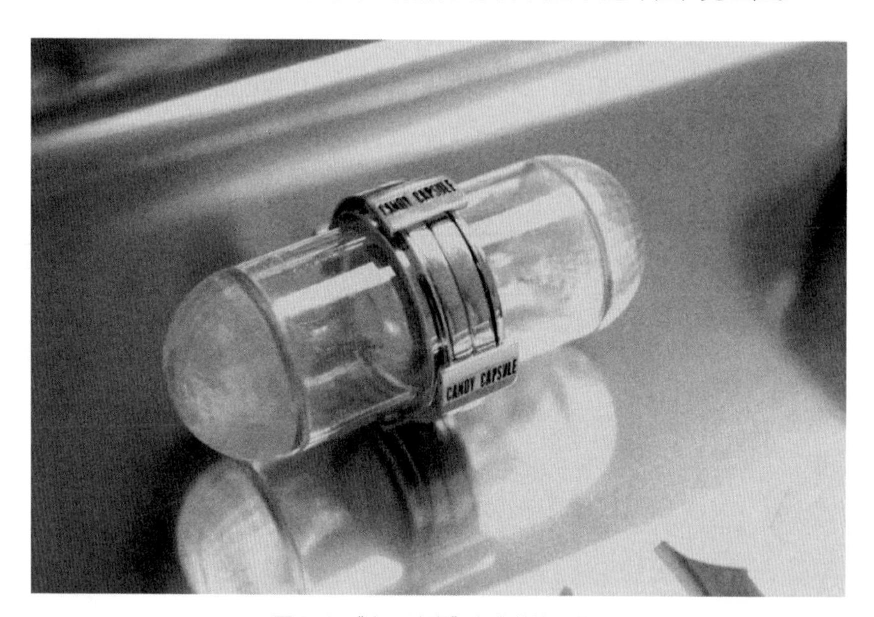

图5-3 “宝石胶囊”印章首饰实物

问题：在实物制作的过程中遇到了哪些问题？

回答：在制作实物的过程中，我们遇到了比较多的困难，但我们始终秉持初心，即便遇到再多的挑战也希望能逐一克服。由于前期缺乏对仪器结构的了解，设计方案中的结构缺乏合理性。在部件组装的过程中，发现铸造会导致金属壁增厚，许多结构不能组合。针对此类问题，我们进行了结构细化与建模调整，使造型逐步达到理想状态。我们还使用了透明树脂增加首饰的未来感，但由于树脂质地比较脆弱，其间几经断裂导致返工，但最终实物还是达到了较为满意的状态。

问题：在设计过程中，你们采用了哪些技术形式？

回答：在作品展示上，我们采用了三维模型渲染、实物场景拍摄和网页制作三种方式结合。选择具有医疗场景风格的“宝石印章商店”作为展示空间，通过虚拟技术与实体场景搭建进行设计方案的展示。在实体场景的搭建中，先对现有的医疗以及商店场景进行调研与分析，选取诊所置物架、医用屏风和医用收纳盒等物品作为场景道具。另外，我们通过网站搭建，系统地展示了“宝石印章商店”的项目流程和工作方式，使观众能更加直观地了解设计理念。

问题：你们认为未来的首饰是怎么样的？

回答：无论未来科技如何发展，首饰与身体之间的关系始终不能被忽视，设计师对于首饰穿戴属性的考量仍十分重要，例如设计是否符合人体工程学，首饰佩戴的舒适性，以及首饰结构设计的合理性等。随着技术的发展，虚拟首饰与智能互动技术层出不穷，未来首饰或许会以虚拟的方式存在，首饰与身体之间的关系也会随之产生更多维度的可能性。

第二节 首饰与感官激发

设计名称：《气味记忆首饰》

设计者：龚如意、张灵理、王煜鑫

将未来场景设定为可以承载气味记忆的虚拟体验馆，支持观众通过虚拟展厅进行线上体验。观众可以通过在线平台上传生活故事，定制带有个人回忆属性的首饰产品。在所有上传的故事档案中，该系列选取了关于食物气味的回忆内容，用特殊的成型方式制成了能留存味道的材料，最终将首饰作为承载气味的佩戴载体。

问题：可否谈一谈“气味记忆体验”概念的想法？

回答：在调研中我们发现气味具有唤醒记忆的作用，关于气味的回忆藏在人们的内心深处，承载了温情和思念。在这样的背景下，我们开展了收集食物气味故事的活动。选择某一种气味，将具有该气味的食物材料进行拆解，分别进行固态化、液态化以及气态化的处理。用承载气味的材料进行首饰设计，让顾客把“气味回忆”留在身边。

问题：你们是如何进行场景构建的呢？有没有遇到什么困难？

回答：在场景搭建的过程中，我们首先基于“气味回忆”故事进行思路梳理，提炼出关键性的场景元素，试图将有特殊意义的“食物气味”转化为首饰设计元素，并且提出了“气味记忆馆”的构想。接着，将“气味体验”场域进行分区处理，通过建立故事档案，将食物材料制作为专属的“气味糖”以及可穿戴的首饰。专属于个人记忆中的气味，以实体纪念物的形式储存，同时在体验馆中公开展示，形成气味记忆体验的闭环系统（图5-4）。我们一直在思考如何通过虚拟场景的方式表达嗅觉的具身体验，最终设计出了故事收集、气味提取、首饰制作、线上展示销售的体验路径。

图5-4 “气味记忆馆”虚拟场景展示

问题：你们的设计依据是什么，是如何推动设计发展的？

回答：我们研究了气味的留存方式，希望以球状的“气味糖”作为造型基础。在“气味糖”的制作上，使用的主要材料是食品调味料，通过特殊工艺将配好的调味料研磨成粉，制作成香味球，最大程度留存气味（图5-5、图5-6）。

问题：你们提到的“气味糖”是混合了非常规的材料以及独特的工艺制作完成的，那么，在制作与呈现的过程中是否遇到了一些挑战？

图5-5 “气味记忆”首饰设计实物与气味原料

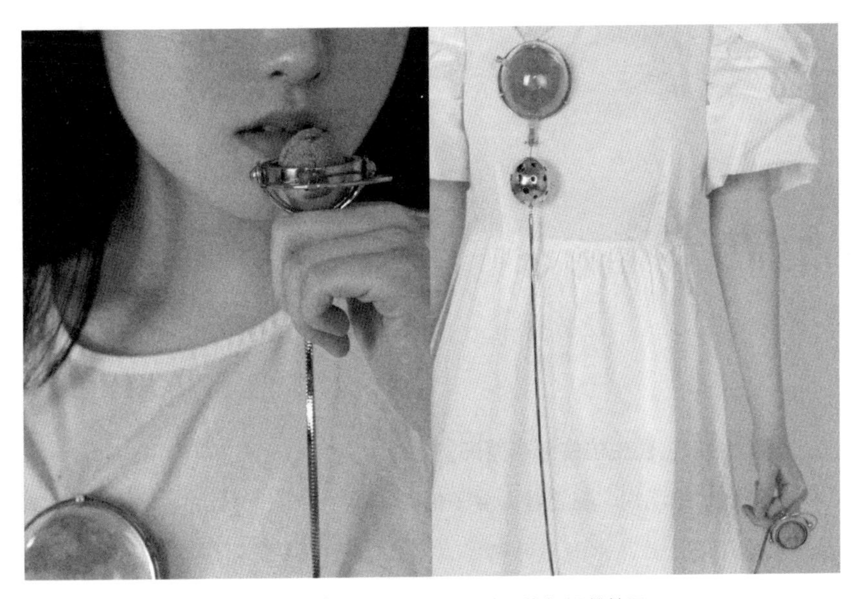

图5-6 “气味记忆”首饰设计实物与佩戴效果

回答：在“气味糖”的制作方面，我们经历了反复的实验，才总结出较为合理的制作方法。我们对食物香料和添加剂的混合比例进行了细致的研究，得到了最佳的固化状态。但是我们认为最大的挑战在于如何通过虚拟呈现的方式，达到唤起气味记忆的目的。为了更好地进行虚拟呈现，我们认真地推敲场景内的每一个细节，对设计方案进行即时修正与细化。得益于组内成员间的团结协作，这次课题进展顺利。

问题：刚刚说到对于你们来说最大的挑战在于“虚拟呈现”，可否详细谈谈你们在展示方式上的思考呢？

回答：在展示方式上，我们将线上呈现与线下相体验相结合。在线上虚拟展示中，使用了三维建模和渲染技术实现场景可视化，规划出气味记录区、档案收集区、气味展示区等。体验者们通过对“气味糖”的嗅觉体验，将线下数据收集到线上档案中，实现线上与线下联动的互动体验。

问题：最后想请你们分享一下作为首饰设计者，你们如何理解未来首饰？

回答：未来首饰设计师在创作空间上必定会更加开放和自由，越来越多的个性化首饰会逐渐被大众所接受。展望未来，我们希望通过更具想象力的设计语言以及创新型的复合材料表现出首饰的多元化面貌。

第三节
首饰与仿生形态

设计名称:《昆虫仿生形态首饰》

设计者：张涵妮、赵之萱、尹子怡、姜睿

设计师通过对昆虫形态的研究，构建了一个基于动态身体穿戴的生态科普研究所。到访者们可以参考“拟态昆虫指南”，佩戴具有昆虫外部形态特征的动态首饰，通过身体穿戴的具身体验，感受自然生命的魅力。该课题将首饰作为昆虫形态科普的关键媒介与道具，探索仿生形态与身体结合的可能性。

问题：可否详细阐述一下你们的场景概念？

回答：我们将未来场景设定为“昆虫形态研究所”，尝试构建出一个有趣的生物科普空间。我们通过研究昆虫的外观形态，获得在首饰佩戴方式上的新想法。到访人员可以在虚拟实验员的带领下，依据“拟态昆虫指南”选择感兴趣的科普空间，通过佩戴昆虫形态首饰获得沉浸式的科普体验（图5-7）。

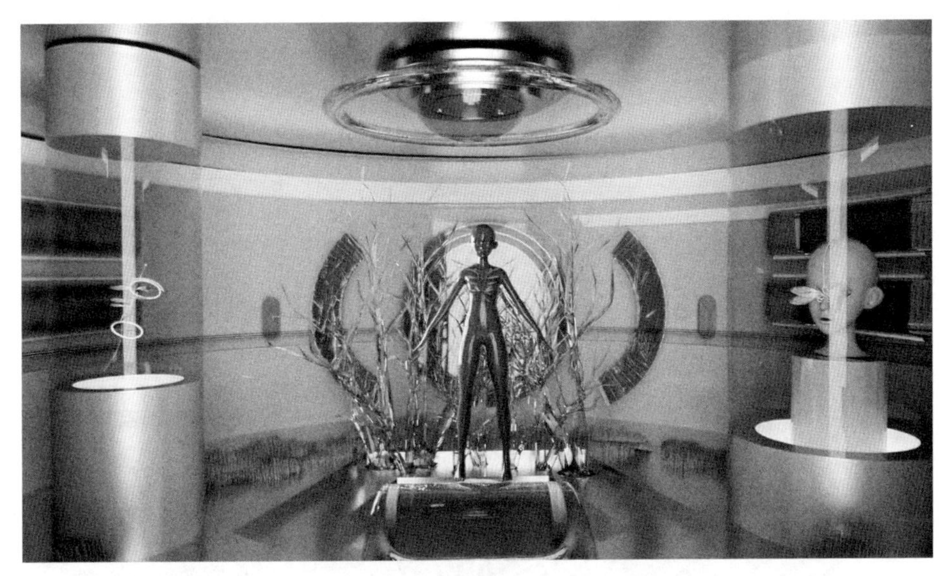

图5-7 “昆虫形态研究所”虚拟场景展示

问题：可否谈一谈场景构建过程中遇到的困难和解决方法？

回答：首先是场景叙事的逻辑，我们一直在思考如何梳理首饰与仿生形态昆虫之间的关系，最终决定通过解构昆虫的外观，使其与身体动作相结合，产生出动态化的身体佩戴方案。其次，依据不同昆虫的造型特点，结合场景概念，规划出不同区域的空间风格。

问题：在实物制作的过程中是否遇到了一些困难？如何解决的？

回答：建模时人模尺寸与实际的人体尺寸有较大差距，所以在制作过程中进行了大量的手动调整。此外，为了确保结构的稳固与合理，经过了多次的模型制作、结构优化与效果验证，直到制作出结构牢固的身体首饰。在材质上进行了多次染色处理，努力调整到一个理想的色彩状态（图5-8、图5-9）。

问题：在设计过程中分别使用了哪些技术形式？

回答：我们使用了Rhino、Nomad、Zbrush等多款建模软件，对模型进

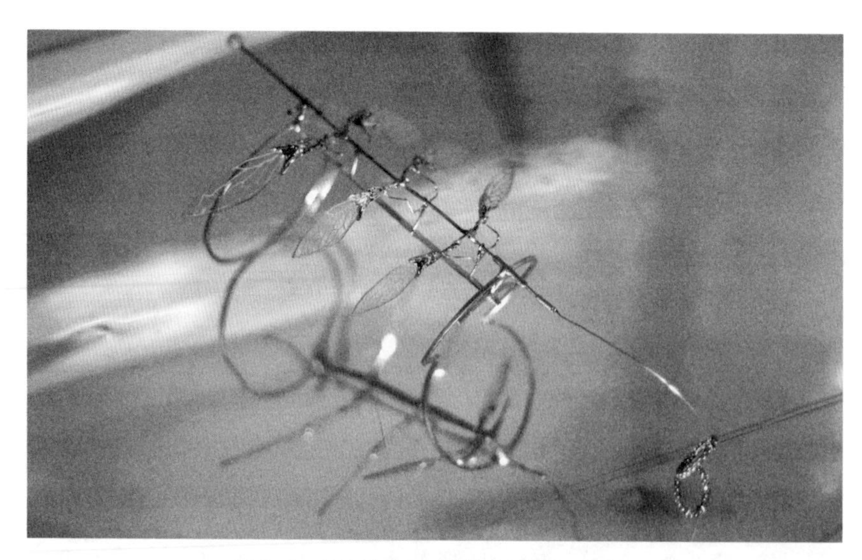

图5-8　昆虫仿生系列首饰之臂饰实物展示

图5-9　昆虫仿生系列首饰之项饰实物展示

行精细化制作。在展示层面，通过C4D、Blender等软件进行场景搭建和动画制作，运用了动态仿真渲染技术，最终以视频动画的输出形式呈现首饰穿戴的动态效果。此外，还使用了二维设计软件绘制场景平面地图、入场券以及指南手册等衍生品。

问题：你们如何理解面向未来的首饰设计？

回答：在未来，首饰可以通过更加多元的方式展示，人们对个性化的首饰会更加包容。首饰不止以实体的形式存在于物理世界，而且是以虚实结合的手段使消费者获得佩戴体验。除了装饰性外，消费者也会越来越注重首饰背后的概念与意义，重视首饰传递出的思想与情感。

第四节
首饰与社交游戏

设计名称：《文字游戏首饰》

设计者：张瑜佳、丁荣杰、谭楚童、梁宇轩

该系列设计以文字游戏为主要内容，设定在充满趣味感的游戏社交空间，并将该空间命名为“文字游戏研究所”。设计者们基于谐音、句式、押韵与表情包四种文字游戏形式，设计出一系列具有互动性的穿戴道具，结合交际场景的视觉呈现，探索首饰的游戏属性与社交功能。

问题：为什么选择文字游戏作为设计概念呢?

回答：我们希望从青年人感兴趣的社交游戏出发，推演出具有可玩性和趣味性的首饰设计，以游戏化的手段，促进人与人之间的互动。在游戏过程中，首饰成了具备功能性的互动道具，帮助体验者创造出新颖的文字内容，从而建立以文字游戏为基础的社交活动。

问题：可否谈谈你们对场景的想法?

回答：基于谐音、句式、押韵和表情包四种常用的文字游戏内容，我们将场景设定为文字游戏体验空间，并将其划分为四个功能空间。进入空间的体验者可以选取不同功能的游戏首饰佩戴。在游戏首饰的引导下，体验者可以参与到文字游戏的互动中，通过趣味活动活跃社交气氛（图5-10）。

问题：请以“谐音游戏”为例谈谈具体的设计过程。

回答：谐音游戏指通过幽默化的方式达到一语双关的效果，是网络传播中常见的语言形式。我们设计了一种可穿戴在身上的谐音游戏装置，将图像

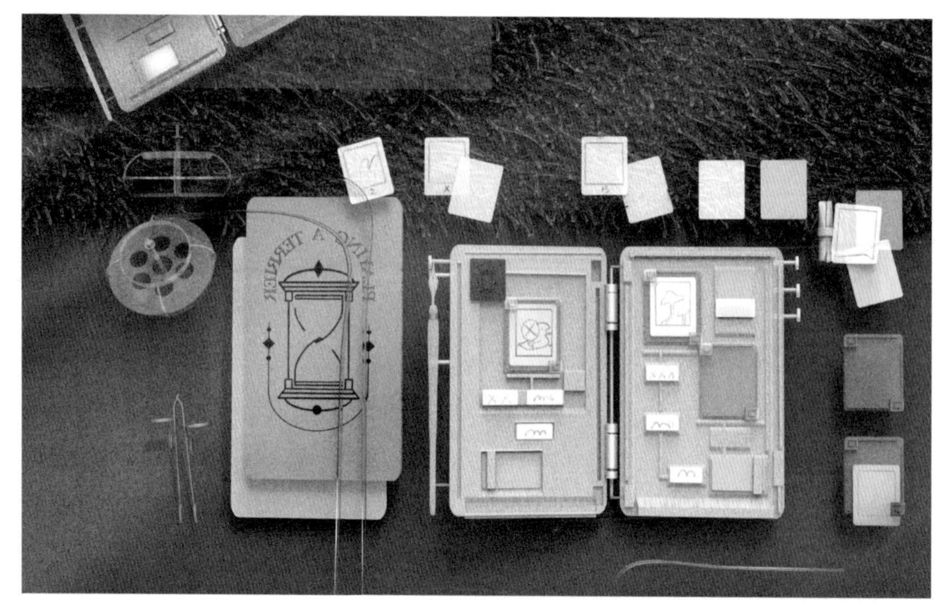

图5-10 “文字游戏”首饰的场景展示

指示和文字结果结合在一起，实现以抽取与读取信息为特征的、具有较强可玩性的首饰游戏道具（图5-11）。

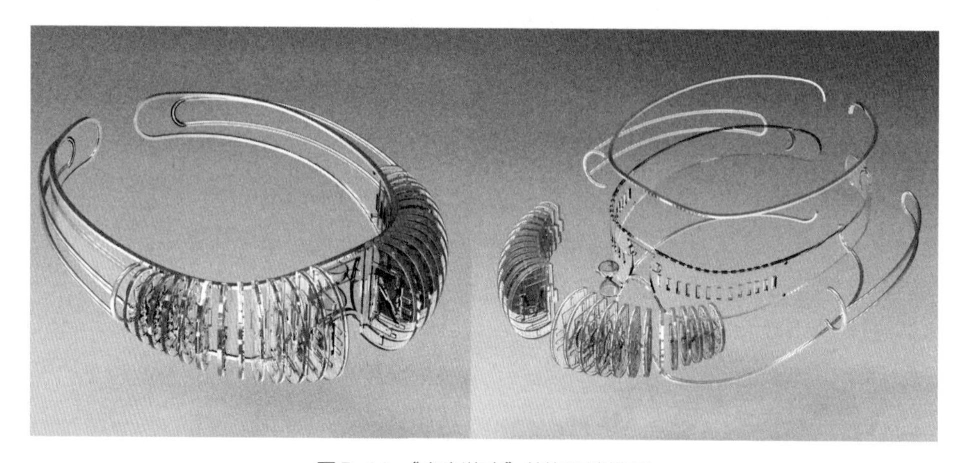

图5-11 “文字游戏”首饰设计模型

问题：如何运用数字媒介形式进行方案展示？

回答：在虚拟场景部分，我们使用了C4D软件完成建模以及渲染，建造了虚拟人形象用于展示游戏首饰的使用过程。在最终的动态视频中，我们围绕游戏场景展示了首饰道具的功能细节，以动画模拟游戏空间的方式制作了四段在不同场景下的演示视频，通过虚拟人的动作展示游戏玩法。由于我们使用了多种数字工具软件，会遇到兼容性的问题，比如首饰模型面数过多、人物模型出现漏面、模型无法顺畅地在各个软件之间切换等困难。此外，我们还在这个项目中第一次使用了动画骨骼绑定技术。我们对最终的效果还比较满意。

问题：请谈谈你们对未来首饰设计的理解。

回答：数字空间对于创作者和设计师的包容度极高，因此鼓励首饰设计师积极地采用跨领域的混合技术，以更多元和更丰富的形式呈现未来首饰。另外，在场景中探索首饰创新的方法可以帮助设计师构建出完整的设计逻辑体系，希望未来有更多的设计师能够尝试这种方法，带来新的设计表达与创作思考。

第五节
首饰与虚拟交互

设计名称：《域化虚实》

设计者：杨灿赫

在该系列作品中，设计者使用Python语言、开源算法以及数据传输作为技术基础，设计了一套由声音触发自动生成首饰造型的程序，将人们在真实空间中的声音作为交互数据以及形态生成的信息来源，实现虚拟穿戴与场景展示。

问题：为什么选择虚拟交互首饰作为研究对象？

回答：越来越多的首饰设计师愿意使用数字技术作为设计手段，但往往从单一的技术或制造手段出发，较少关注首饰与佩戴者之间的互动体验，所以我想基于交互技术做一些尝试，探索虚拟交互首饰的可能性。

问题：《域化虚实》具体的交互设计思路是怎么样的？

回答：该设计项目以虚拟交互为核心，搭建了基于声音触发生成虚拟首饰造型的创作方法，实践从数据收集、雕塑生成和交互验证的虚拟首饰设计过程，将设计成果分别以首饰实体与虚拟穿戴的方式呈现于场景中（图5-12）。

图5-12 “域化虚实”虚拟场景展示

在作品的创作路径方面，参与式工作坊收集了100位青年观众的声音片段，建立基础数据库。接着通过计算机程序对声音的分贝、振幅、频率、时长等信息进行识别与分析，将解析数据传输到可兼容的三维软件中。在三维软件端口对数据进行节点绑定，触发快速傅里叶变换算法，从而完成三维形态的实时生成路径。在声音模型生成后，邀请观众进行测试与验证，由此选出100个实验模型（图5-13）。根据观众的意愿对生成的三维雕塑进行人工干预与优化，挑选出具有产品化特征的首饰模型进行实物制作。该项目实现了数字生成和虚拟穿戴之间的交互，由此构建物理世界的观众与数字世界的首饰之间的互动体系。

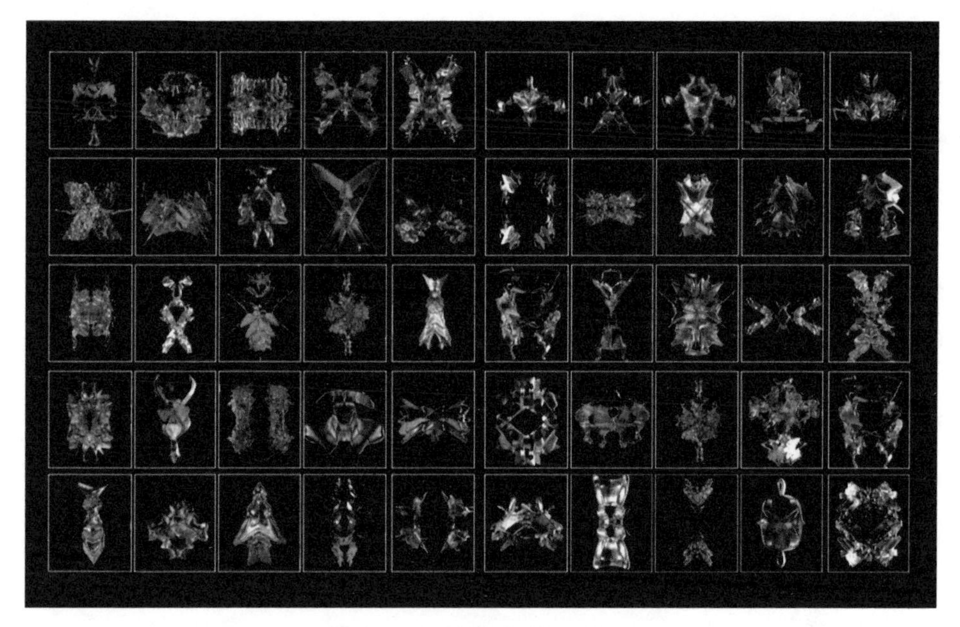

图5-13 交互技术生成的声音雕塑

问题：可否基于你的作品谈一谈对首饰设计的未来展望?

回答：虚拟交互技术与首饰设计的结合，能够为身体的穿戴形式带来更多的可能性，具有一定的美学价值、共创价值和可持续价值。我的作品是基于交互技术与虚拟首饰的设计实践，希望能在新时代的背景下，拓宽技术与设计相结合的思路。

参考文献

[1] 吴国盛.时间的观念 [M].北京：北京大学出版社，2006：122.

[2] 张文涛.思考未来：历史哲学的时间尺度 [J].新疆师范大学学报：哲学社会科学版，2008，39 (1)：145-152.

[3] 邹玉清.基于未来视角的产品设计方法研究 [D].南京：南京艺术学院，2021：1.

[4] CORINA ANGHELOIU，LEILA SHELDRICK，MIKE G TENNANT，GOLDIE CHAUDHURI. Future Tense：Harnessing Design Futures Methods to Facilitate Young People's Exploration of Transformative Change for Sustainability [J].World Futures Review，2020，12 (1)：104-122.

[5] NORMAN HENCHEY. Making Sense of Future Studies [J]. Alternatives，1978，7 (2)：24-27.

[6] HANCOCK TREVOR，BEZOLD CLEMENT. Possible futures，preferable futures [J].The Healthcare Forum Journal，2017，37 (2)：23-29..

[7] JEROME C. GLENN，THEODORE J. GORDON. Futures Research Methodology [M].3rd ed.Washington，D.C.：The Millennium Project，2009.

[8] DONALD A. NORMAN，PIETER JAN STAPPERS. Design X：Complex Sociotcchnical Systems [J].She Ji：The Journal of Design，Economics，and Innovation，2015，1 (2)：83-106.

[9] 鲍蕊.观念主义：西方“当代首饰”的多元属性解读 [J].设计艺术研究，2020，10 (5)：123-127.

[10] 杨柳.基于首饰的发展历程探讨人类物质文明及审美的演化 [J].西部皮革，2021，43 (18)：131-132.

[11] 朱华珍，万军.想象技术在大学生生涯辅导中的应用 [J].思想理论教育，2008 (11)：79-82.

[12] 张黎.设计学的想象力：叙事、直觉与讲故事 [J].美术与设计，2015

（4）：59–65.

［13］胡晓靖.试论推测想象在唐诗意境营造中的作用［J］.天水师范学院学报，2005，25（3）：52–55.

［14］ZHIYONG FU，LIN ZHU. Envisioning the Future Scenario Through Design Fiction Generating Toolkits［C］//Pei–Luen Patrick Rau：Cross-Cultural Design，User Experience of Products，Services，and Intelligent Environments（HCII），Springer，2020：46–59.

［15］宋懿.首饰设计与制作：数字化技术与应用［M］.北京：中国纺织出版社有限公司，2021.

［16］YI SONG. Modelling and Analysis of Aesthetic Characteristics Using Digital Technology in Artworks［J］. International Journal of Modelling，2021，38（3–4）：320–331.

［17］宋懿，数字思维：时尚可持续进程中的一种创新框架［J］.艺术设计研究，2022（2）：17–22.

［18］YI SONG，ZHILU CHENG，CHI ZHANG. Possibilities of the Wearables：Teaching Method for Digital Jewelry Design of the Future［C］// MARCELO M.SOARES，ELIZABETH ROSENZWEIG，AARON MARCUS. Design，User Experience，and Usability：Design Thinking and Practice in Contemporary and Emerging Technologies. Switzerland，2022：400–413.

［19］吴声.场景革命：重构人与商业的连接［M］.北京：机械工业出版社，2015：28，29.

［20］TERESA AMABILE. Componential Theory of Creativity［M］. Boston，MA：Harvard Business School，2011.

［21］TERESA AMABILE. Social Psychology of Creativity：A Consensual Assessment Technique［J］. Journal of Personality and Social Psychology，

1982，43（5）：997-1013.

［22］宋晓辉，施建农.创造力测量手段：同感评估技术（CAT）简介［J］.心理科学进展，2005，13（6）：739-744.

［23］德内拉·梅多斯.系统之美［M］.邱昭良，译.杭州：浙江人民出版社，2012.

［24］ASTRID C. MANGNUS，JEROEN OOMEN，JOOST M. VERVOORT，MAARTEN A. HAJER. Futures Literacy and the Diversity of the Future［J］. Futures，2021，132：Article 102793.

附录　首饰设计作品实例

附图1

附图1

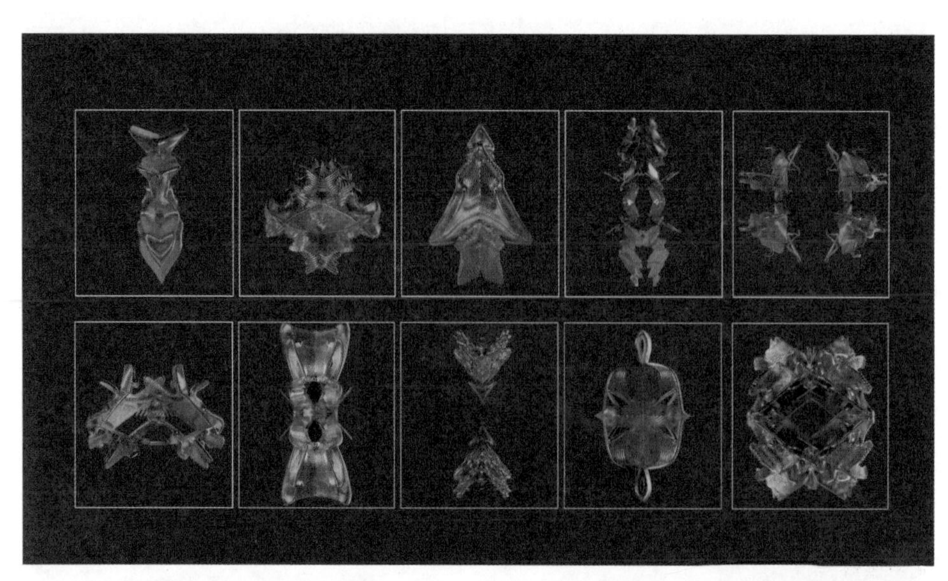

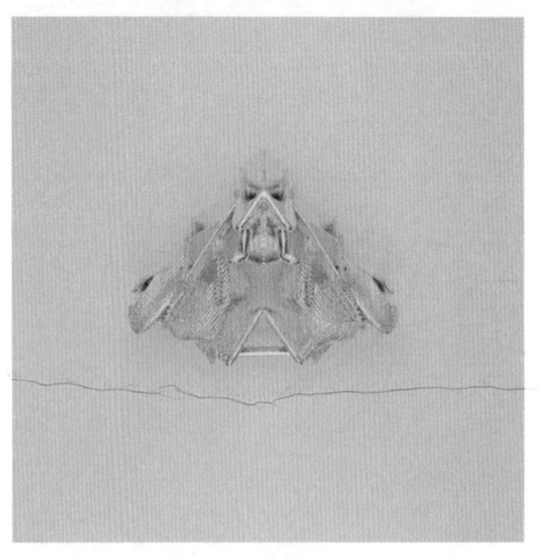

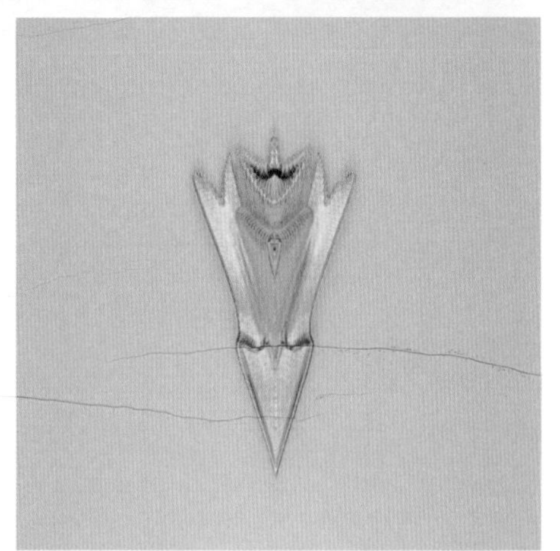

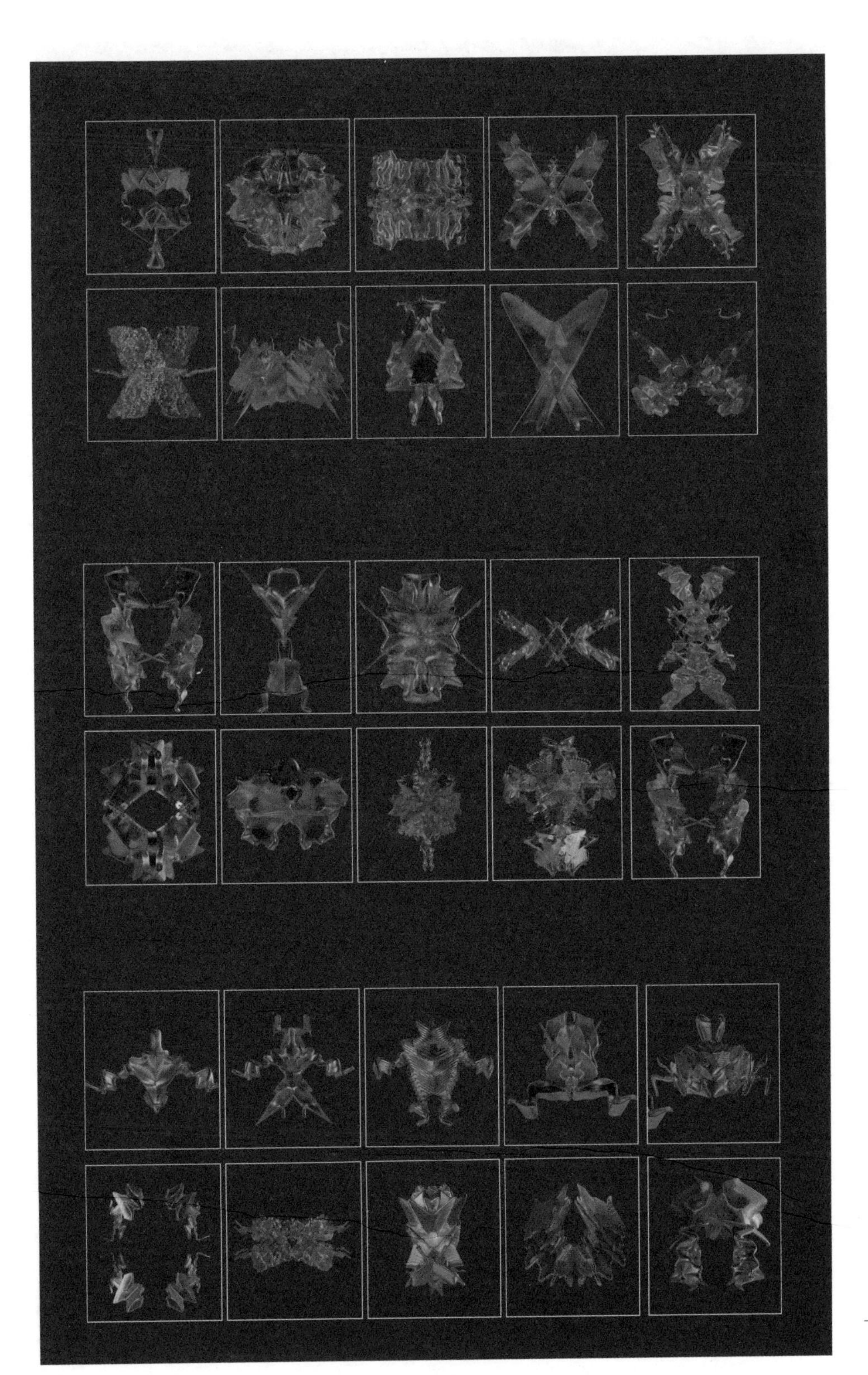

附图1

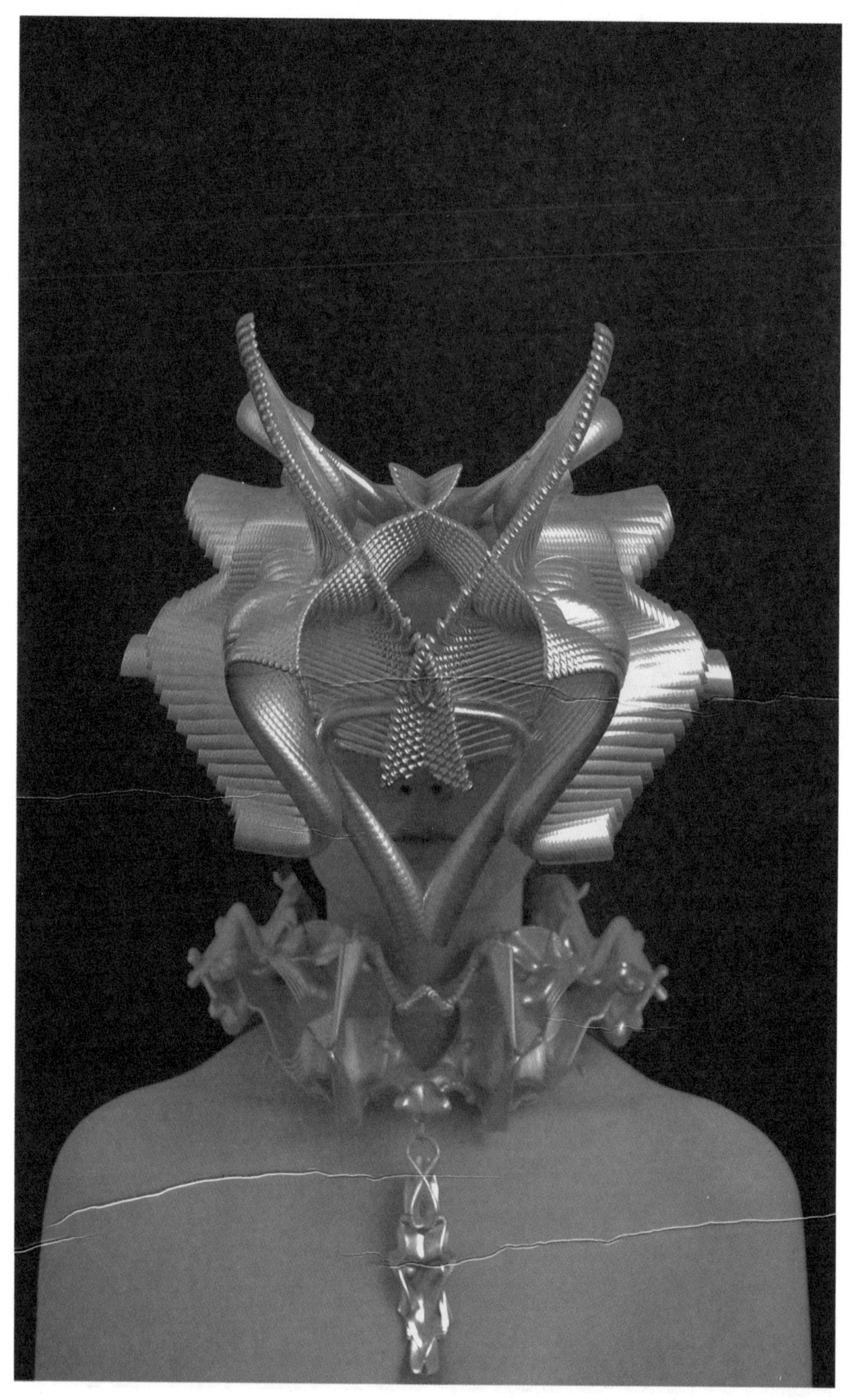

附图 1 《域化虚实》系列首饰设计作品（设计者：杨灿赫）

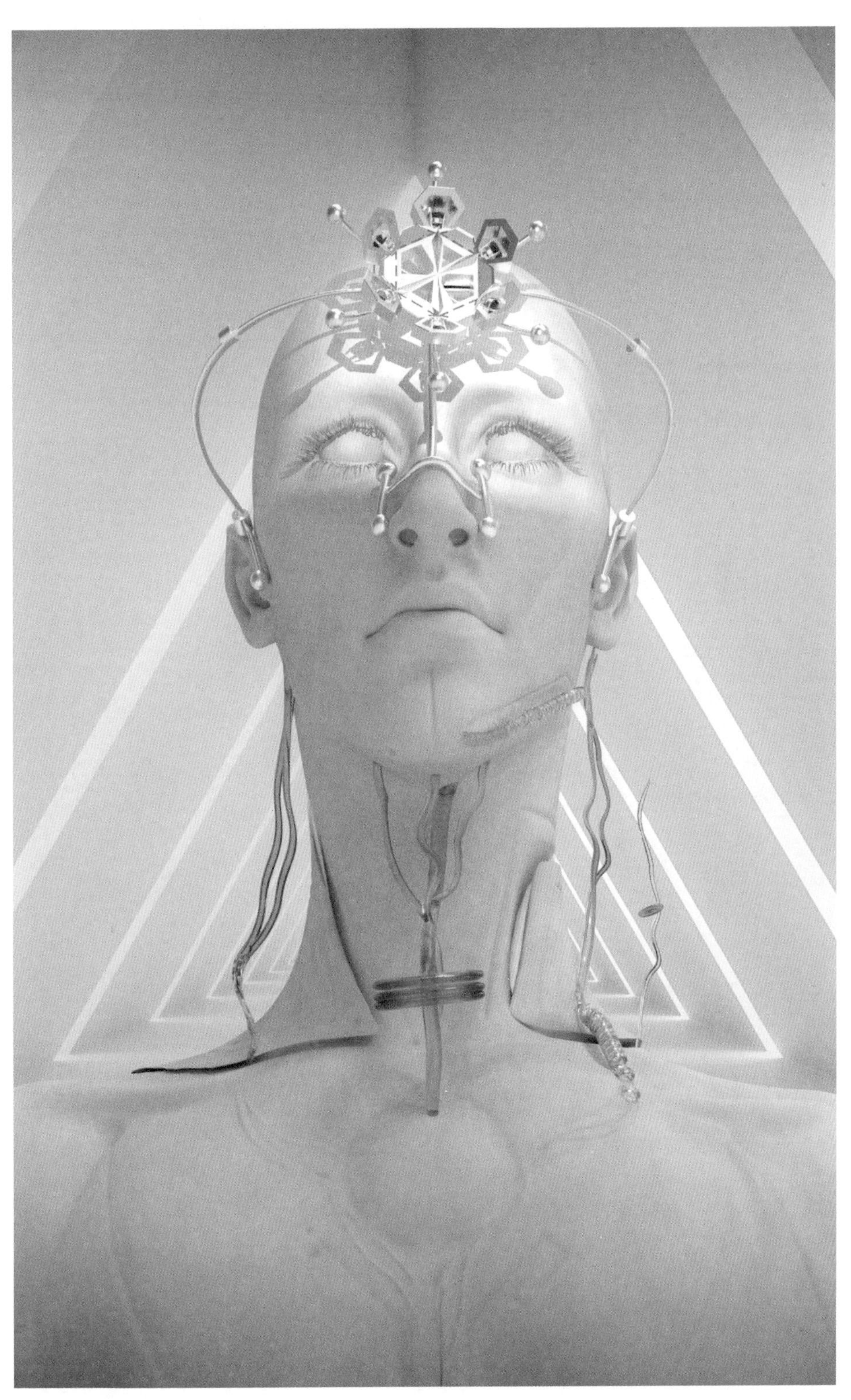

附图2

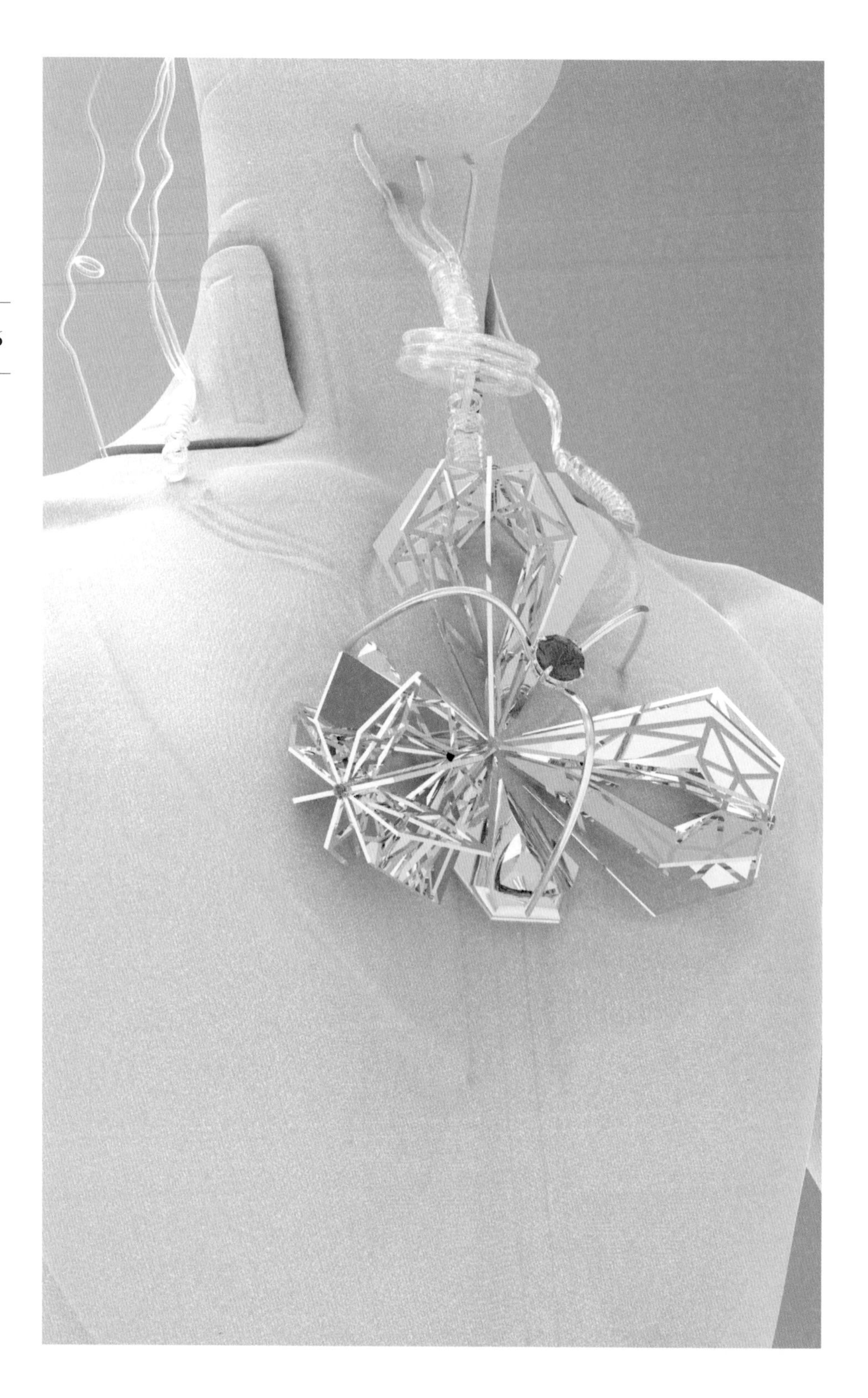

附图2

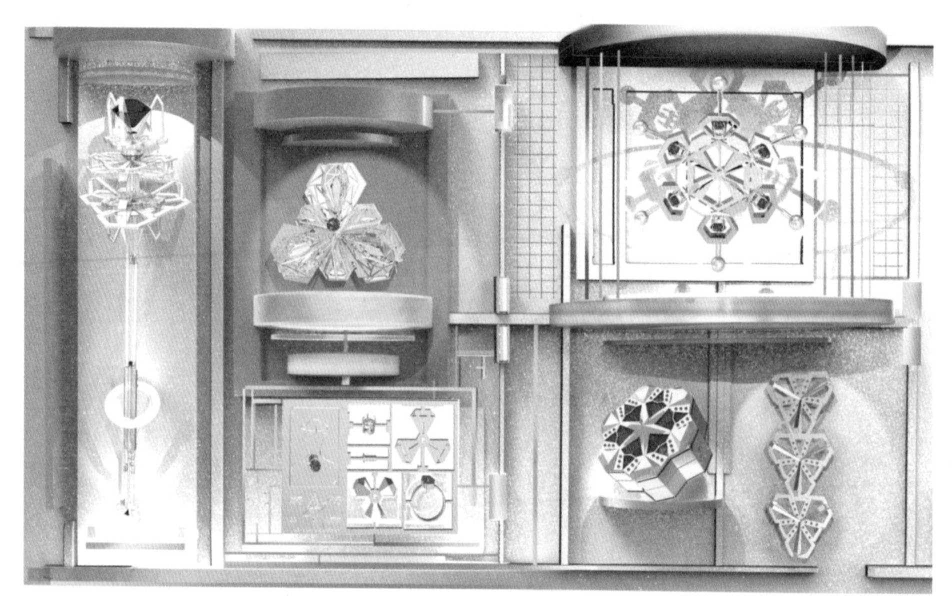

附图2 《加冕空间》系列首饰设计作品（设计者：谭楚童、丁荣杰、张瑜佳）

附图3 《Sleep2.0计划——序号1助眠器》系列首饰设计作品（设计者：刘成思）

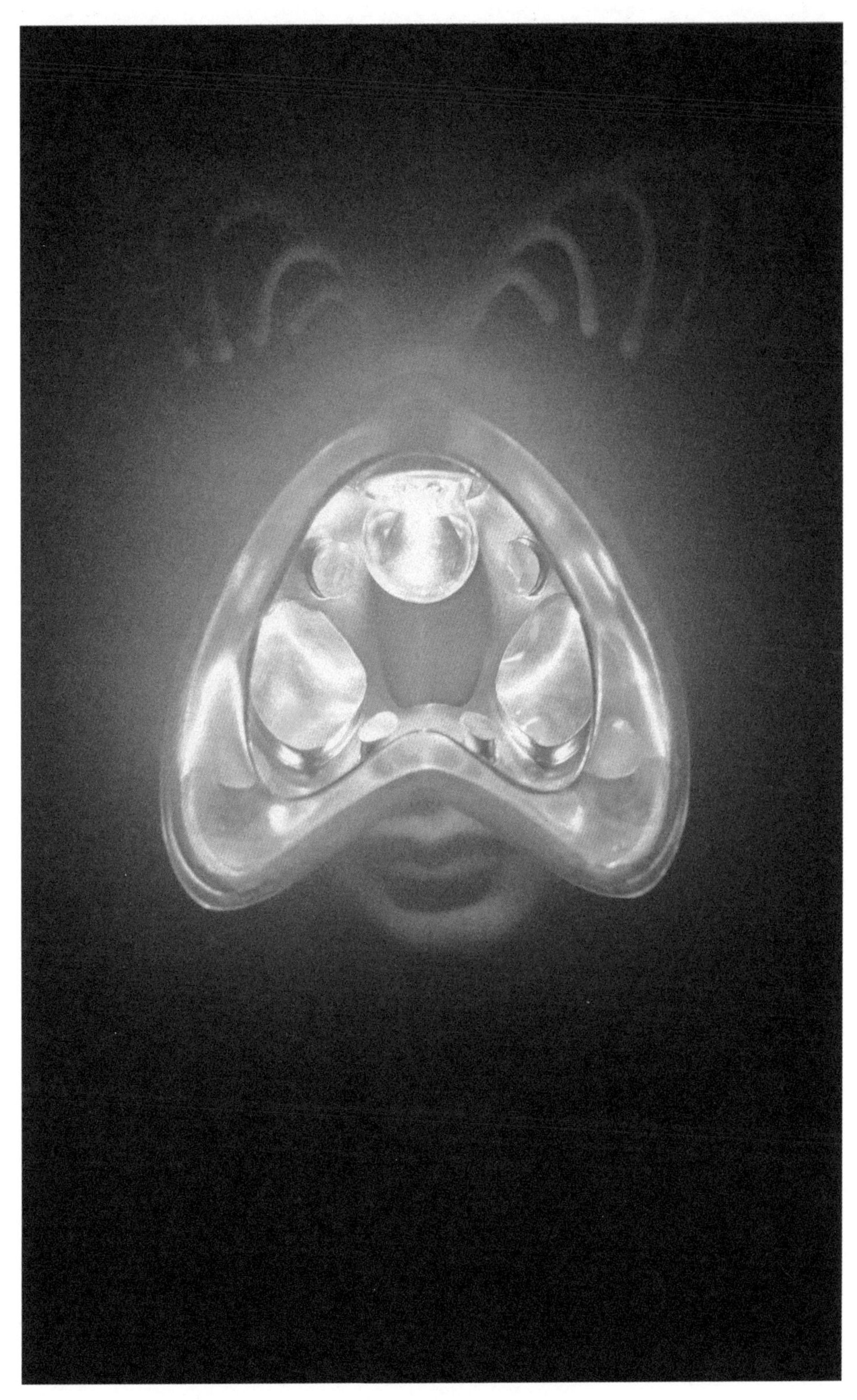

附图4

附图4 《再见银河·蛾》系列首饰设计作品（设计者：邵玉婷）

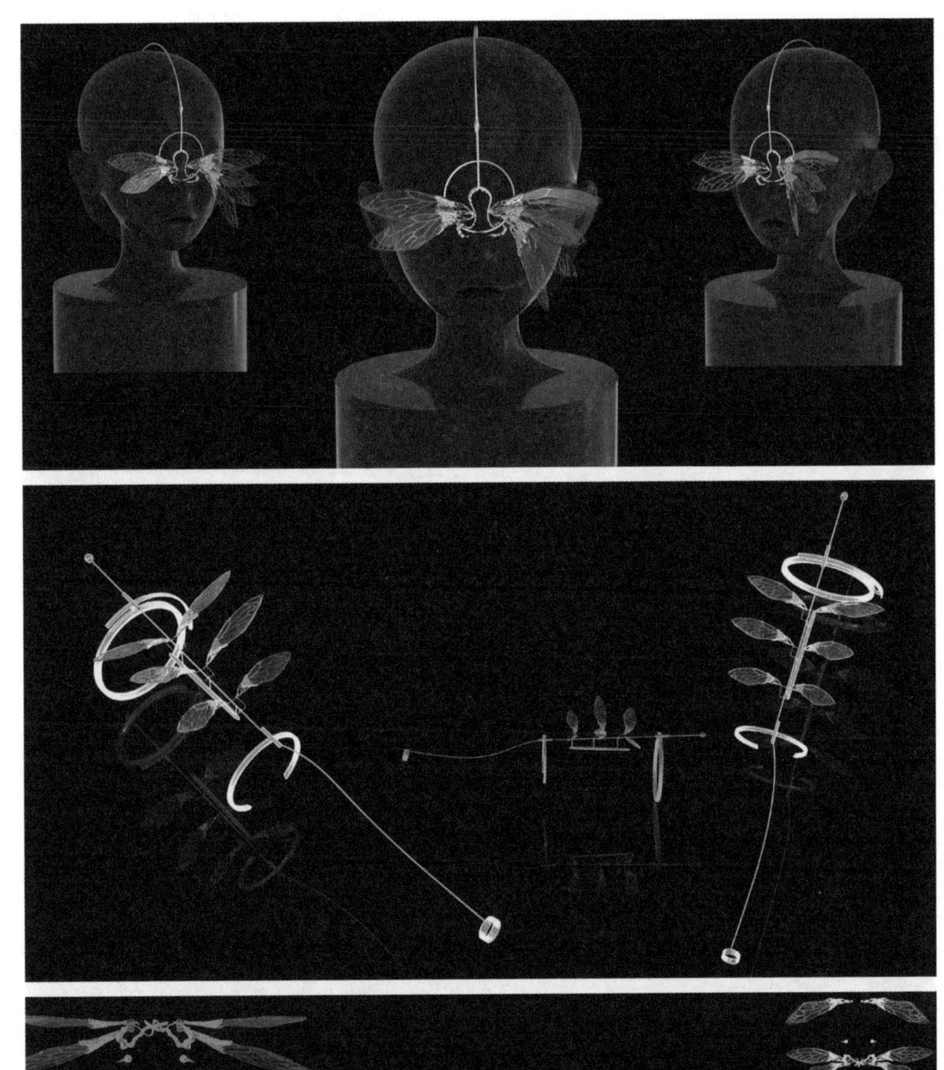

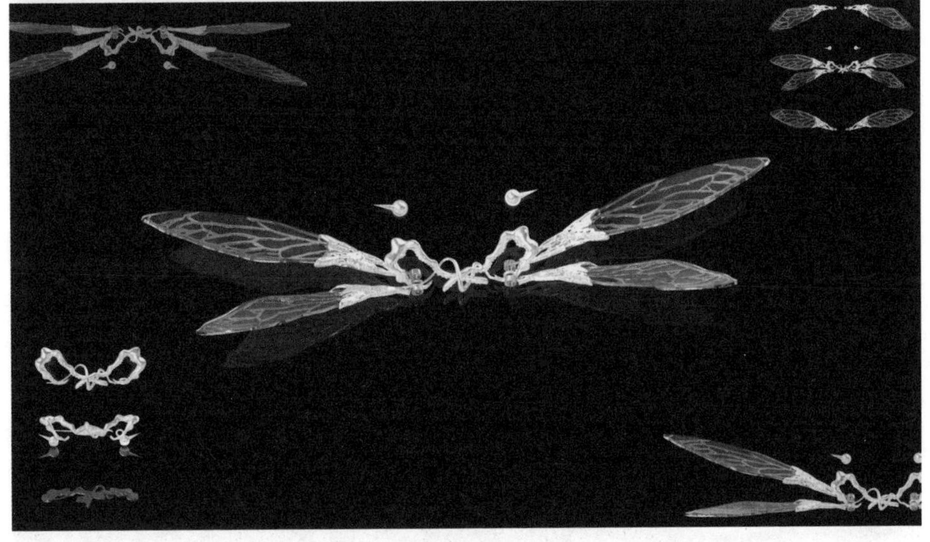

附图5

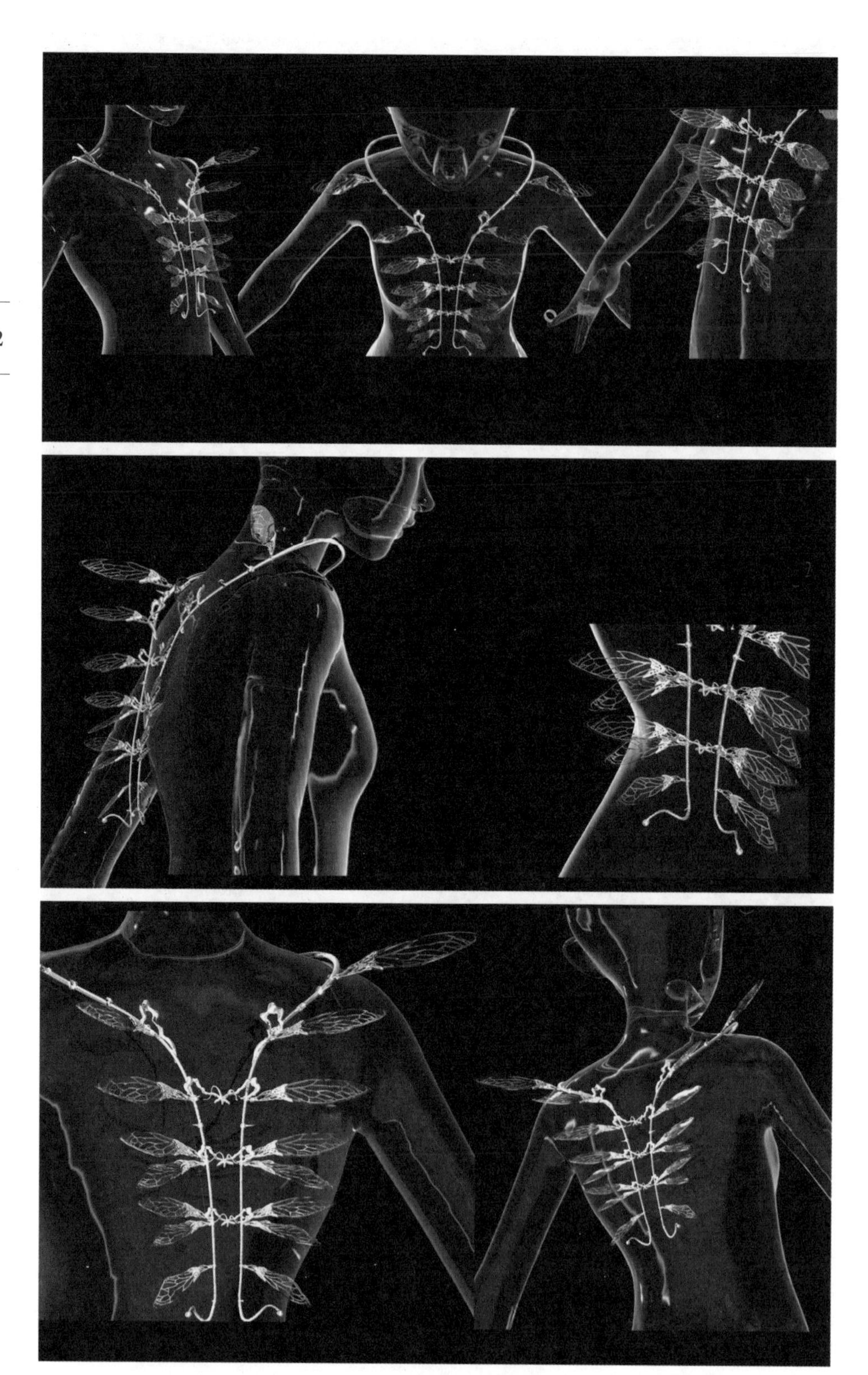

附图5 《昆虫仿生形态首饰》系列首饰设计过程图与作品图（设计者：张涵妮）

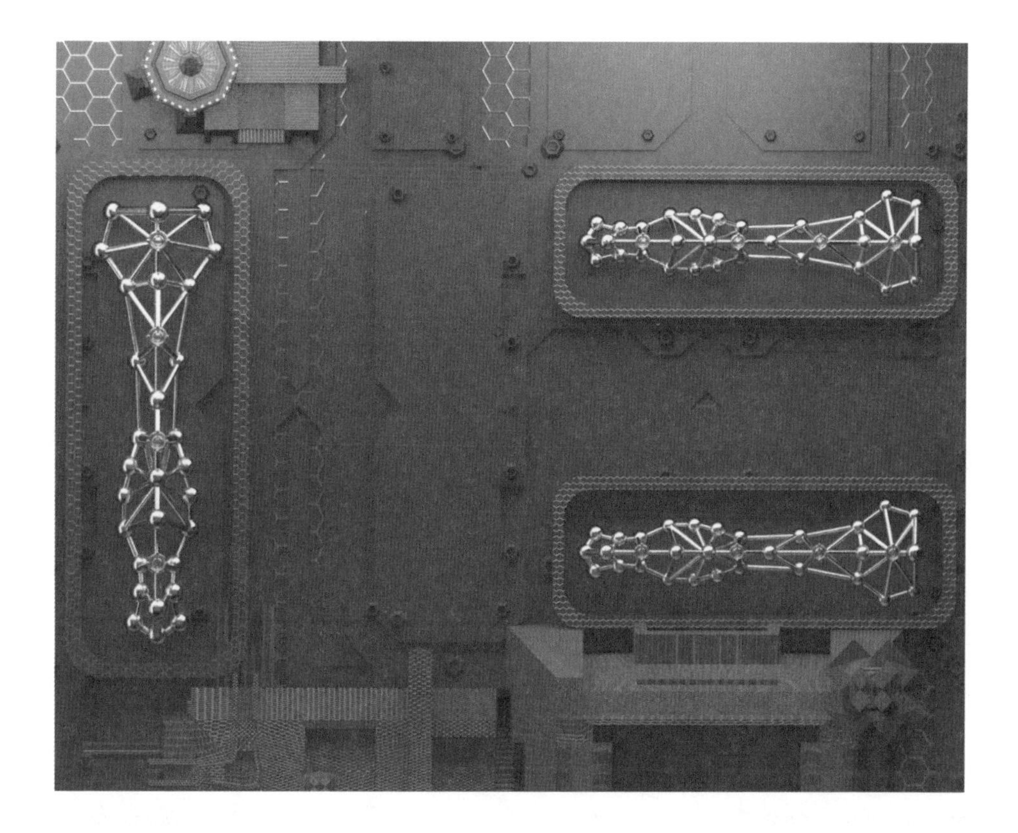

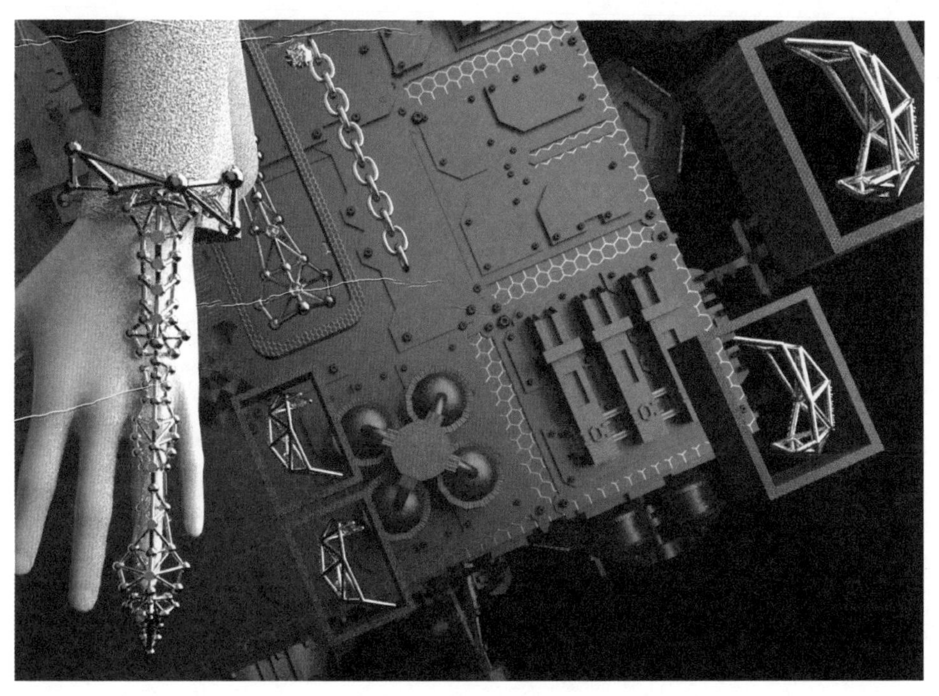

附图6 《未来标本》系列首饰设计作品（设计者：杨灿赫、孙汇泽、陈奕含）

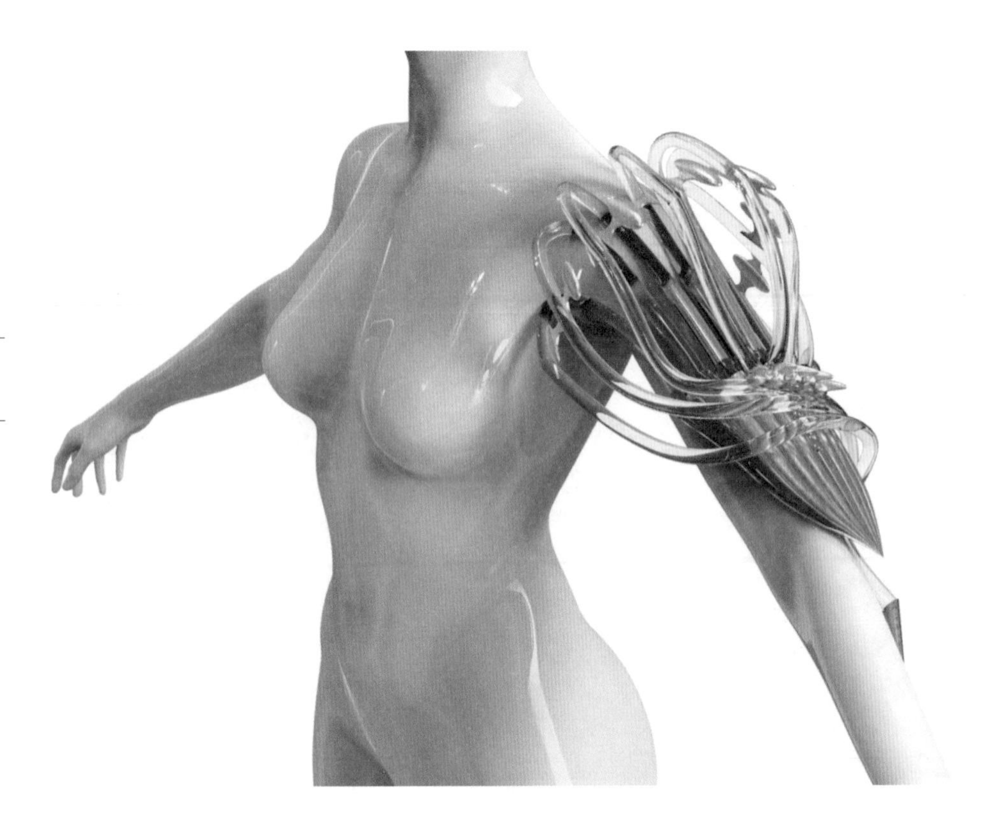

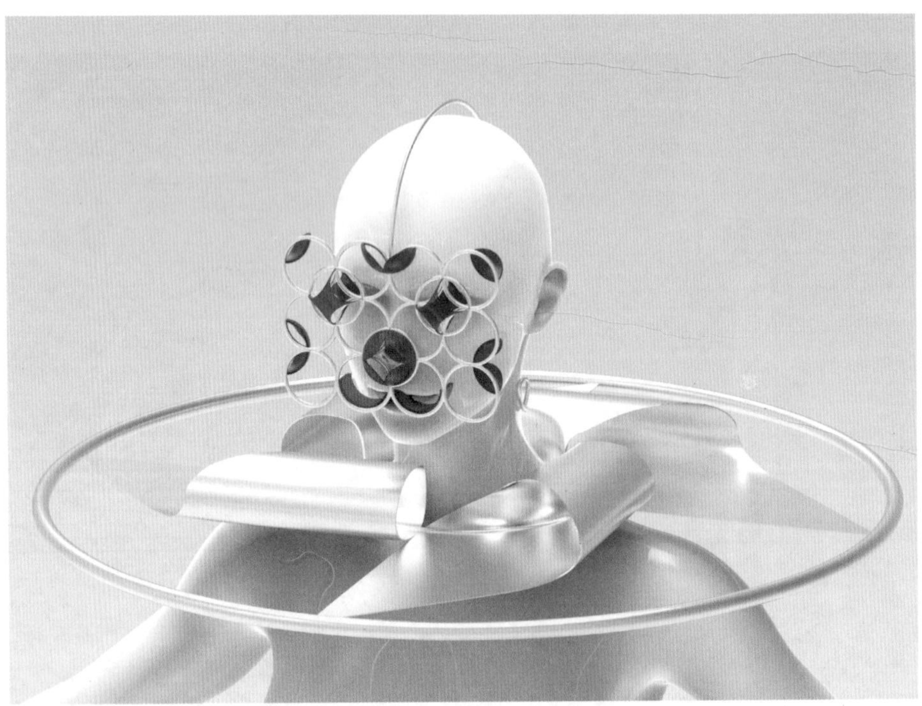

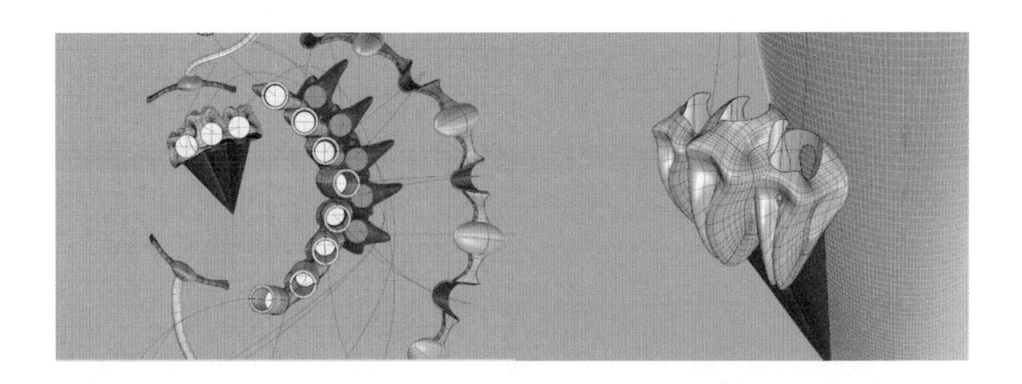

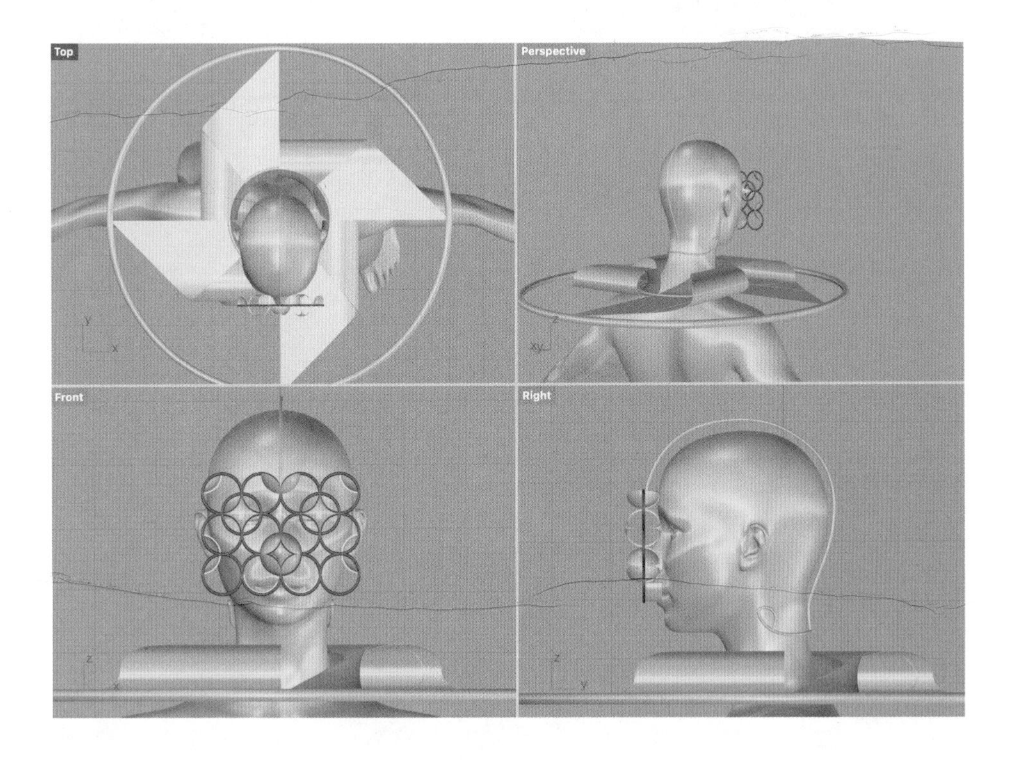

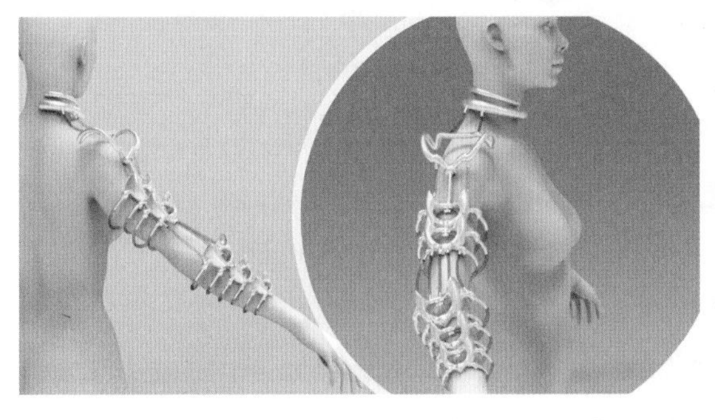

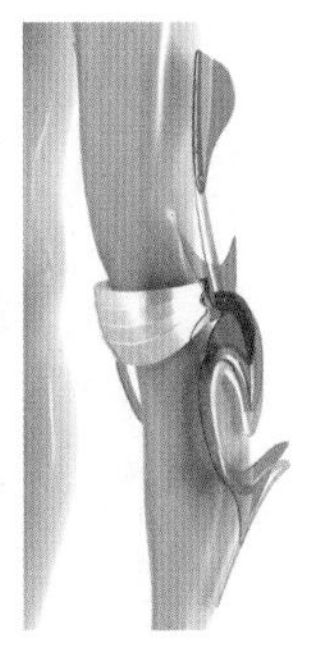

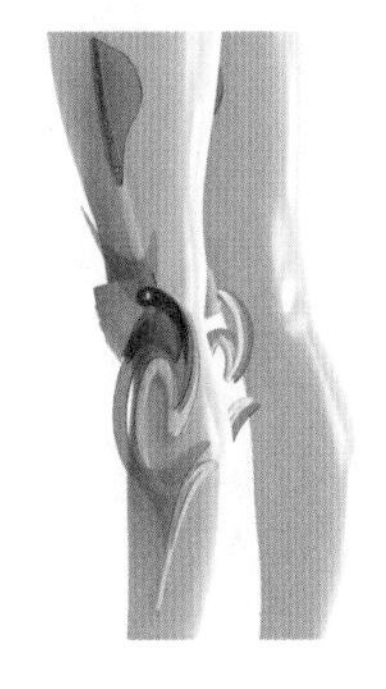

附图7 《肢体配饰域》系列首饰设计作品
（设计者：樊潇睿、郑滢潇、宋希文、何雨）

附图8 《珠宝俱乐部》系列首饰设计作品
（设计者：王亚艺、孙琪、申可新）

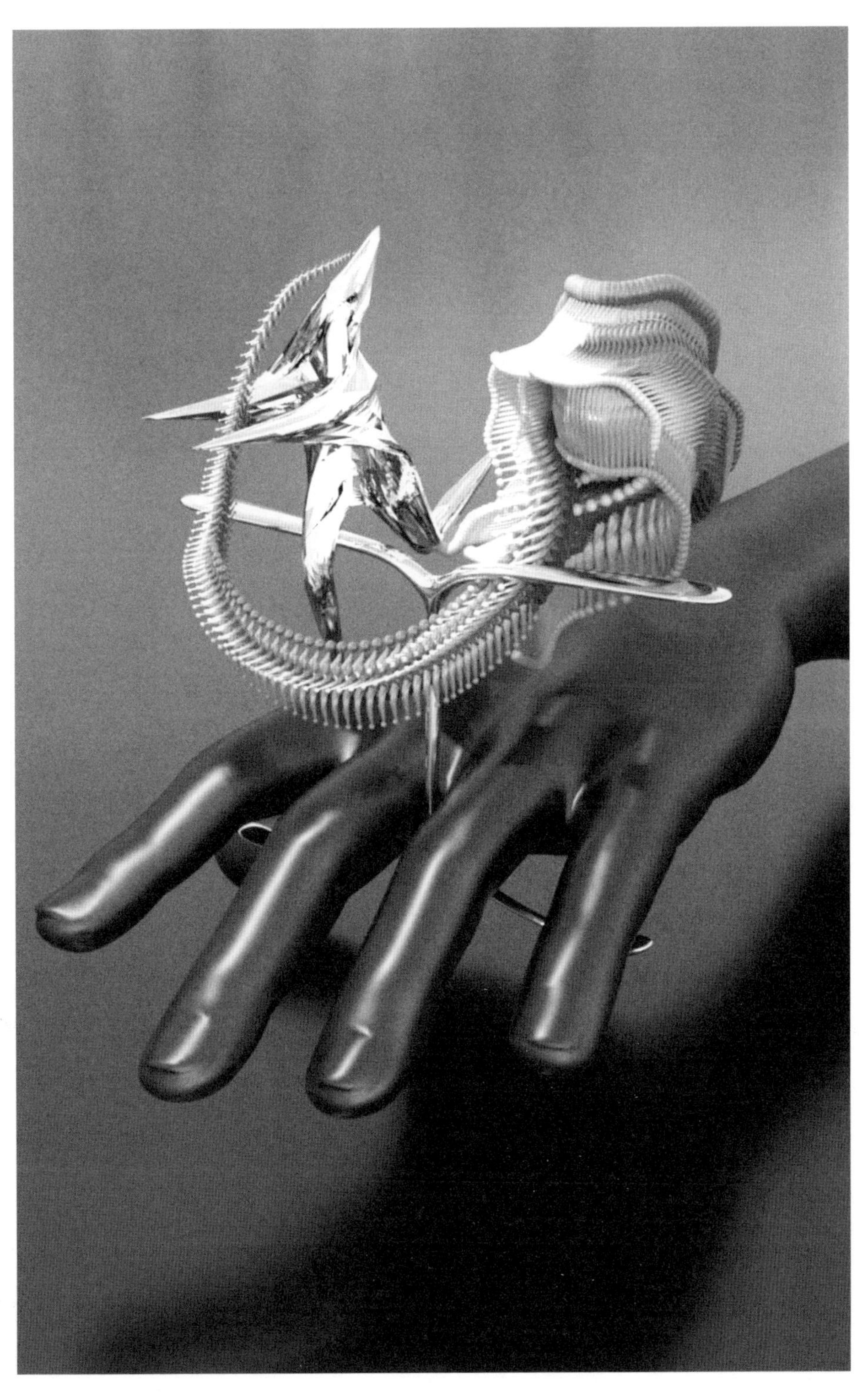

附图9

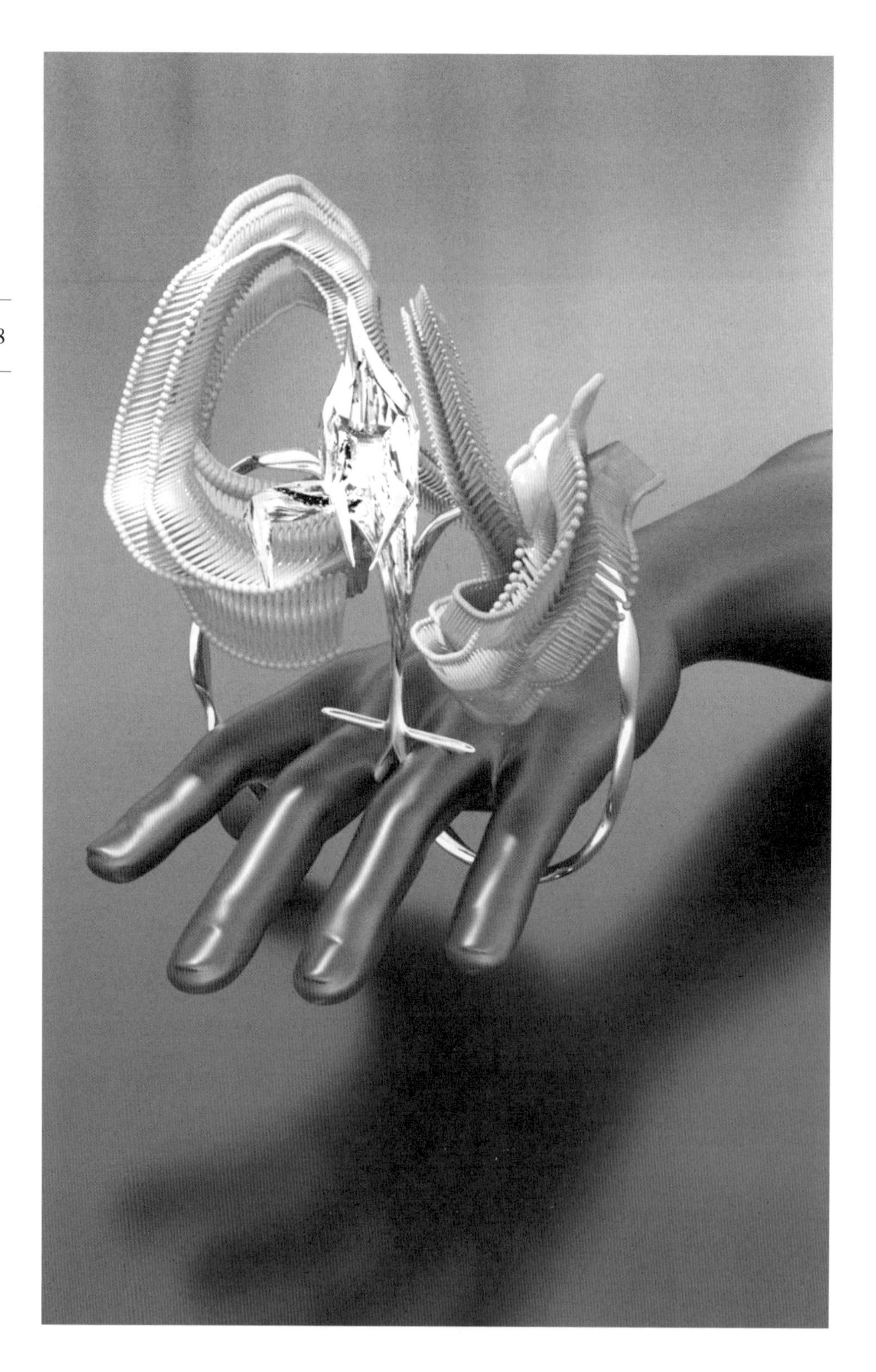

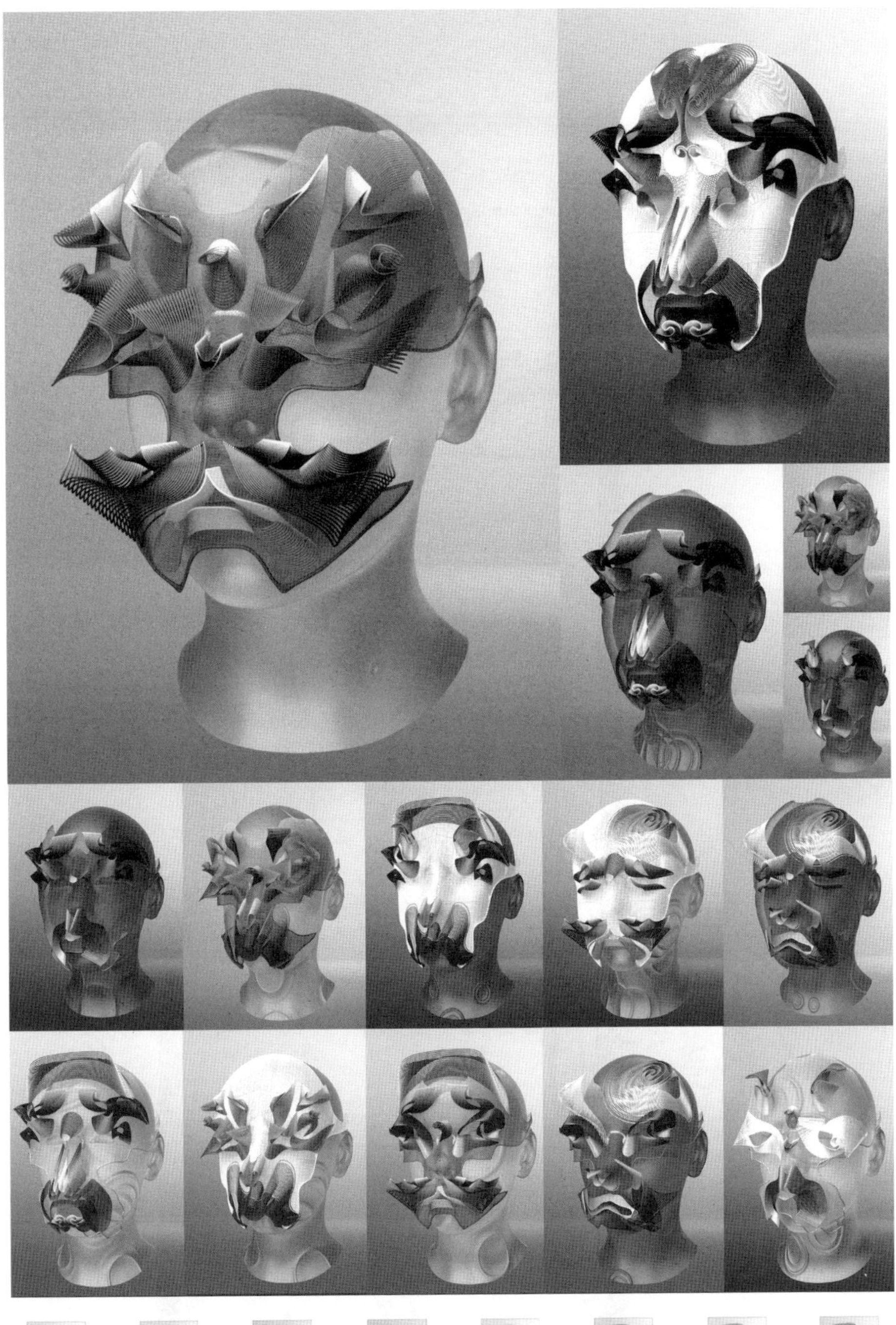

附图9 《潮汕英歌舞数字化创新》系列首饰设计作品
（设计者：麦扬）

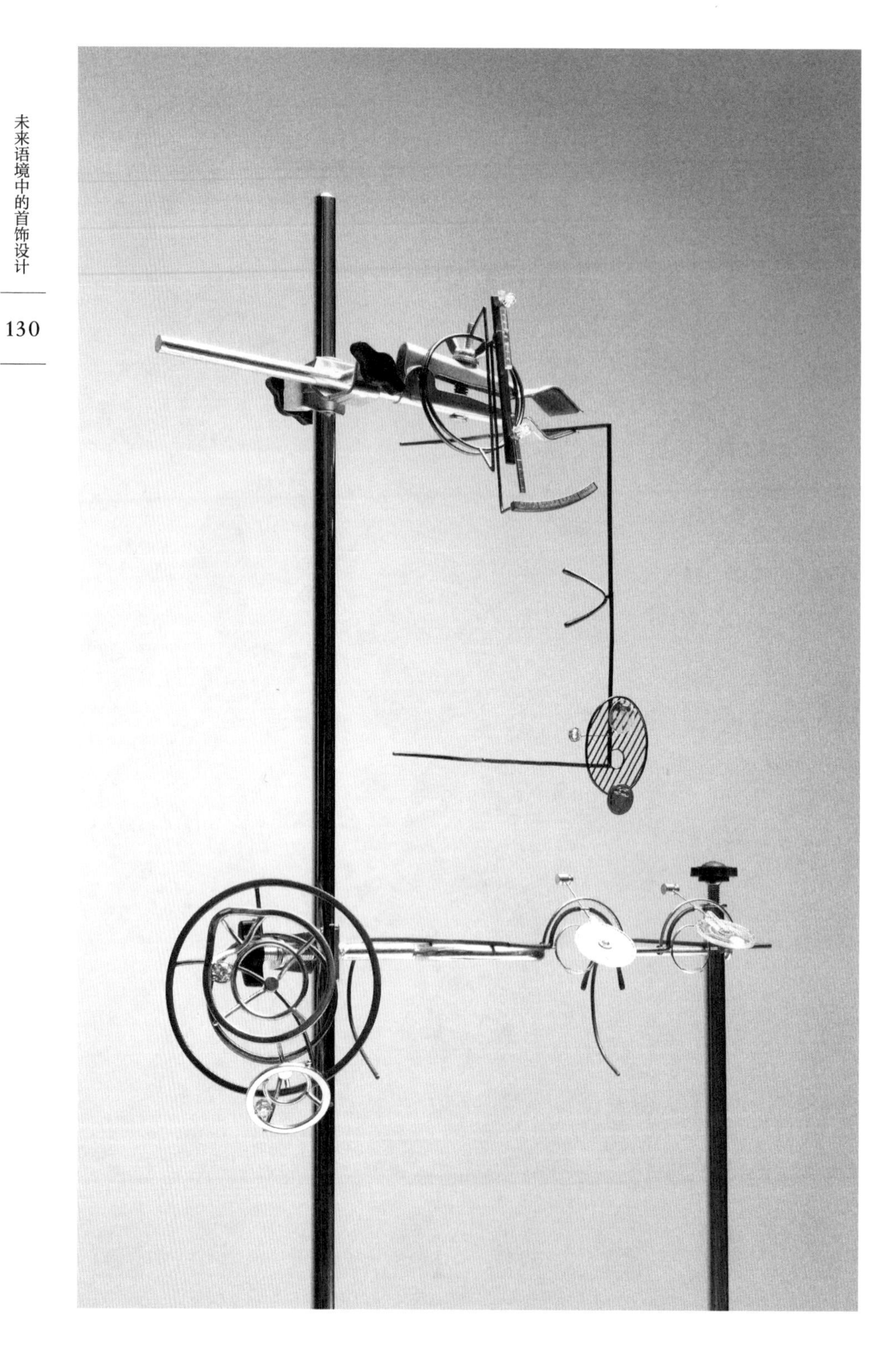

附图 10

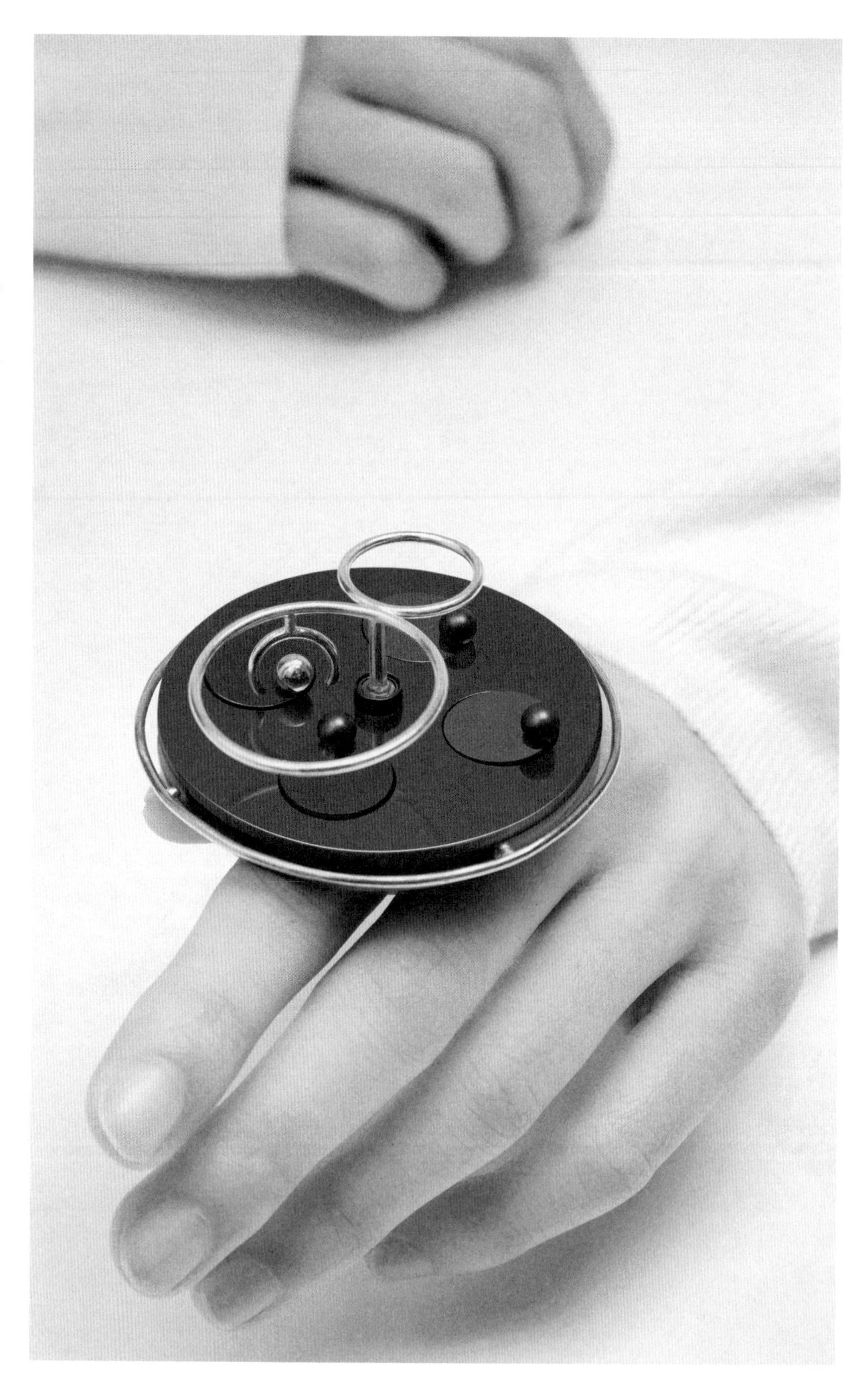

附图10 《动与动》系列首饰设计作品
（设计者：马玥）

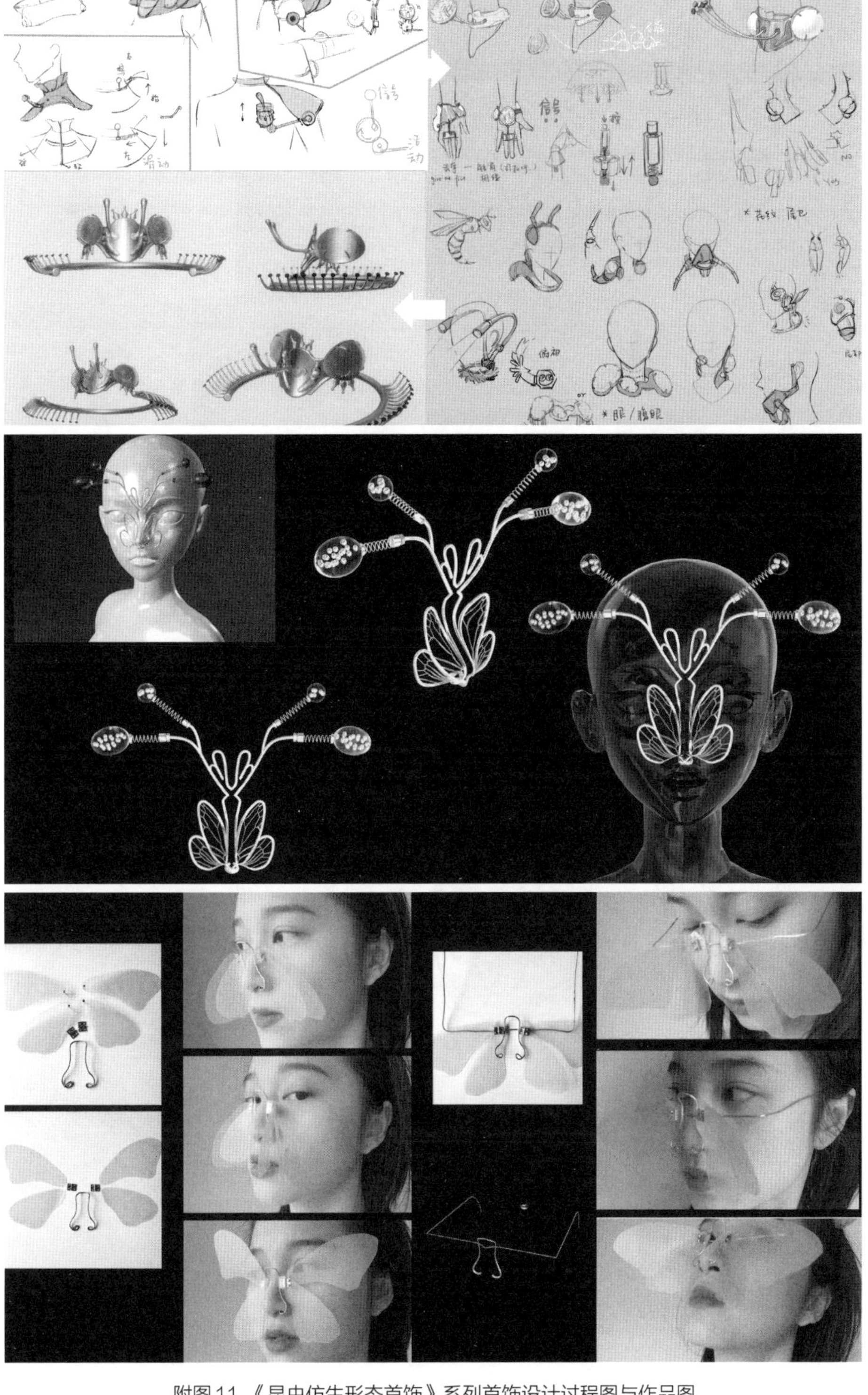

附图11 《昆虫仿生形态首饰》系列首饰设计过程图与作品图
（设计者：赵之萱、尹子怡、姜睿）

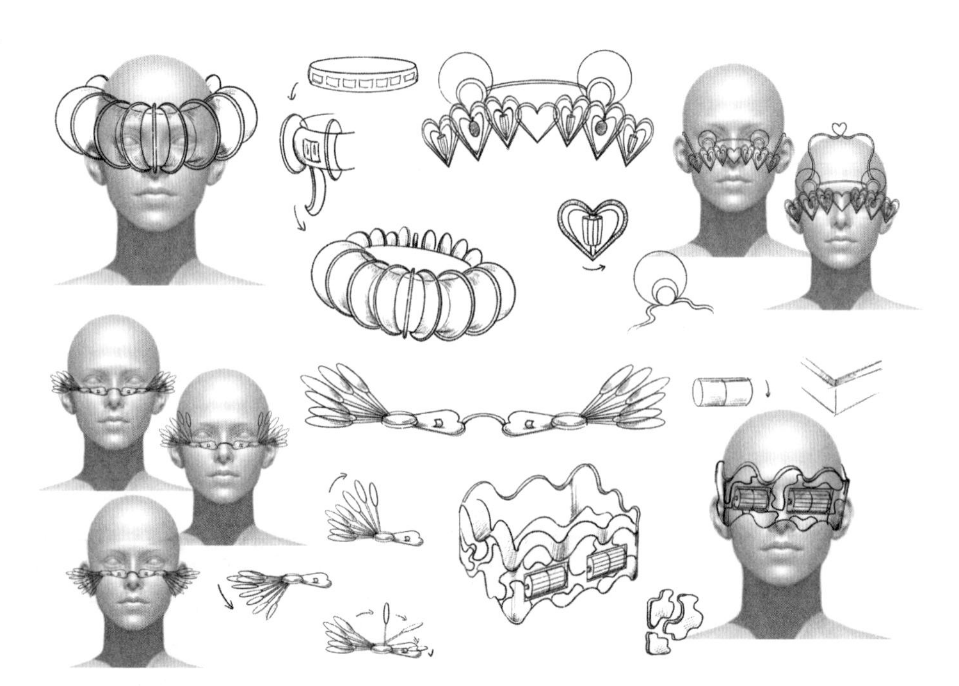

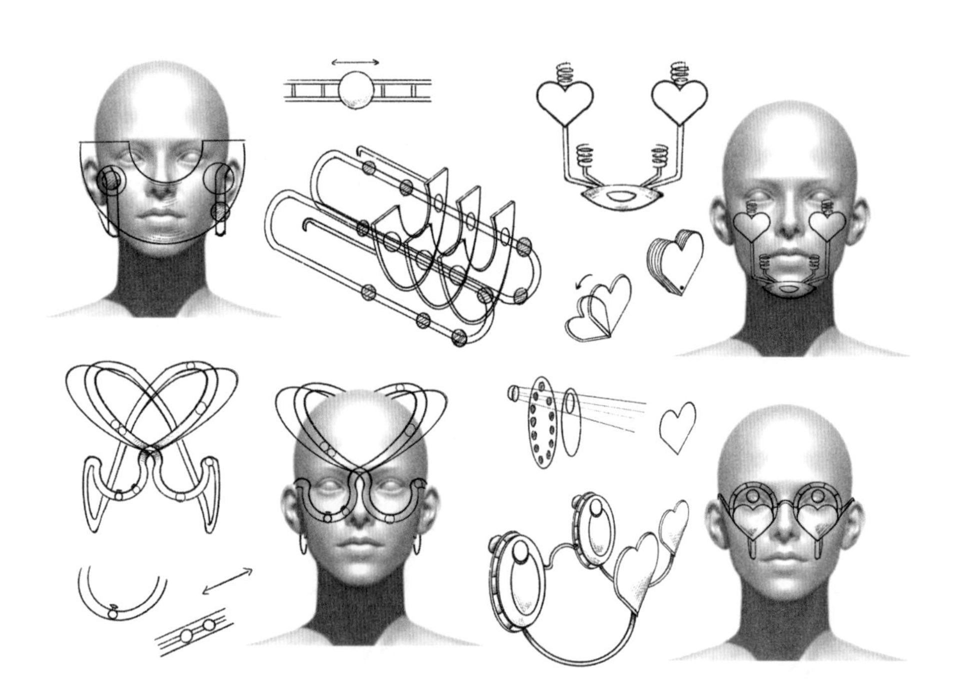

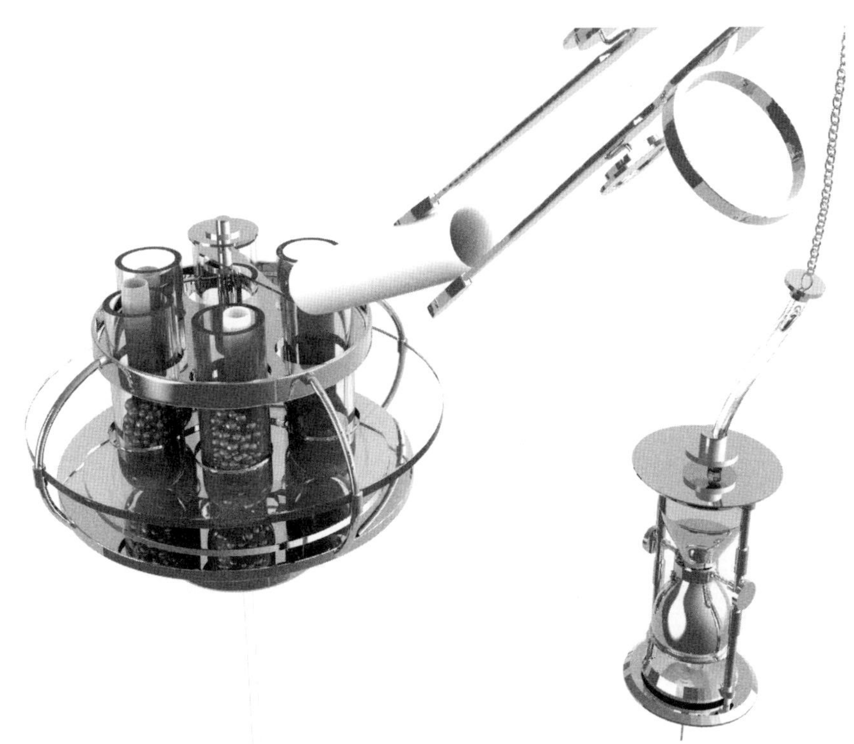

附图12

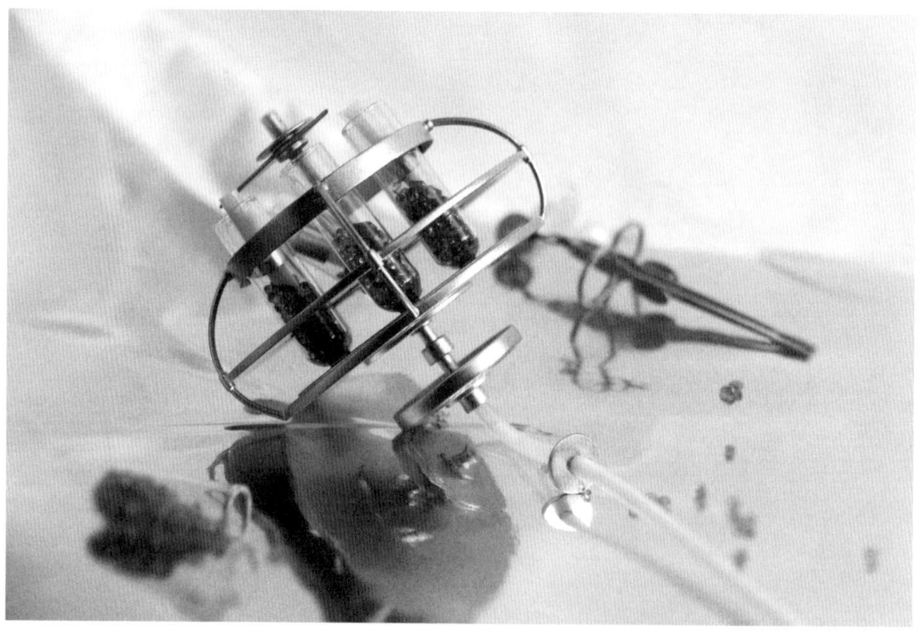

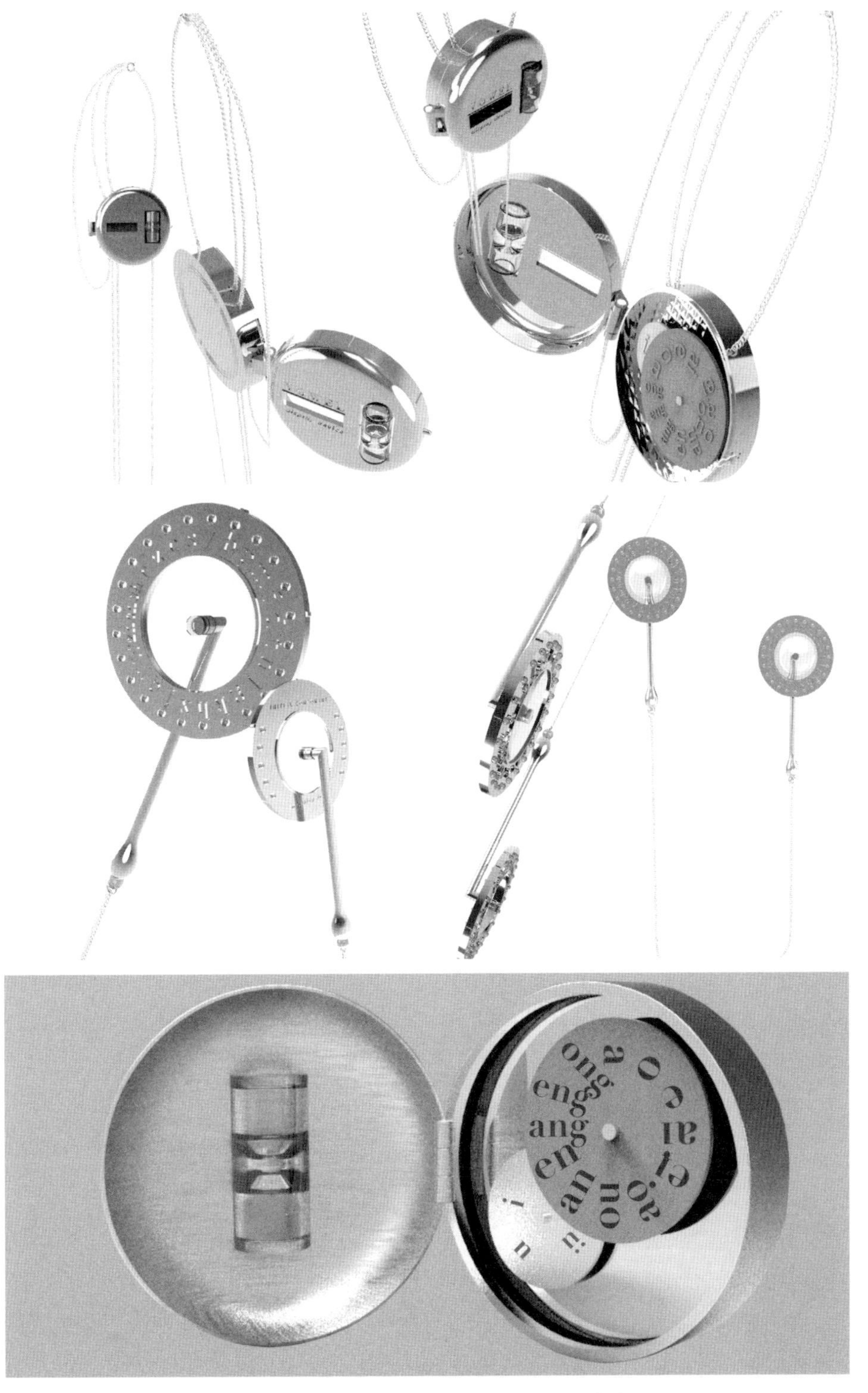

附图 12 《文字游戏首饰》系列首饰设计过程图与作品图
（设计者：张瑜佳、丁荣杰、谭楚童、梁宇轩）

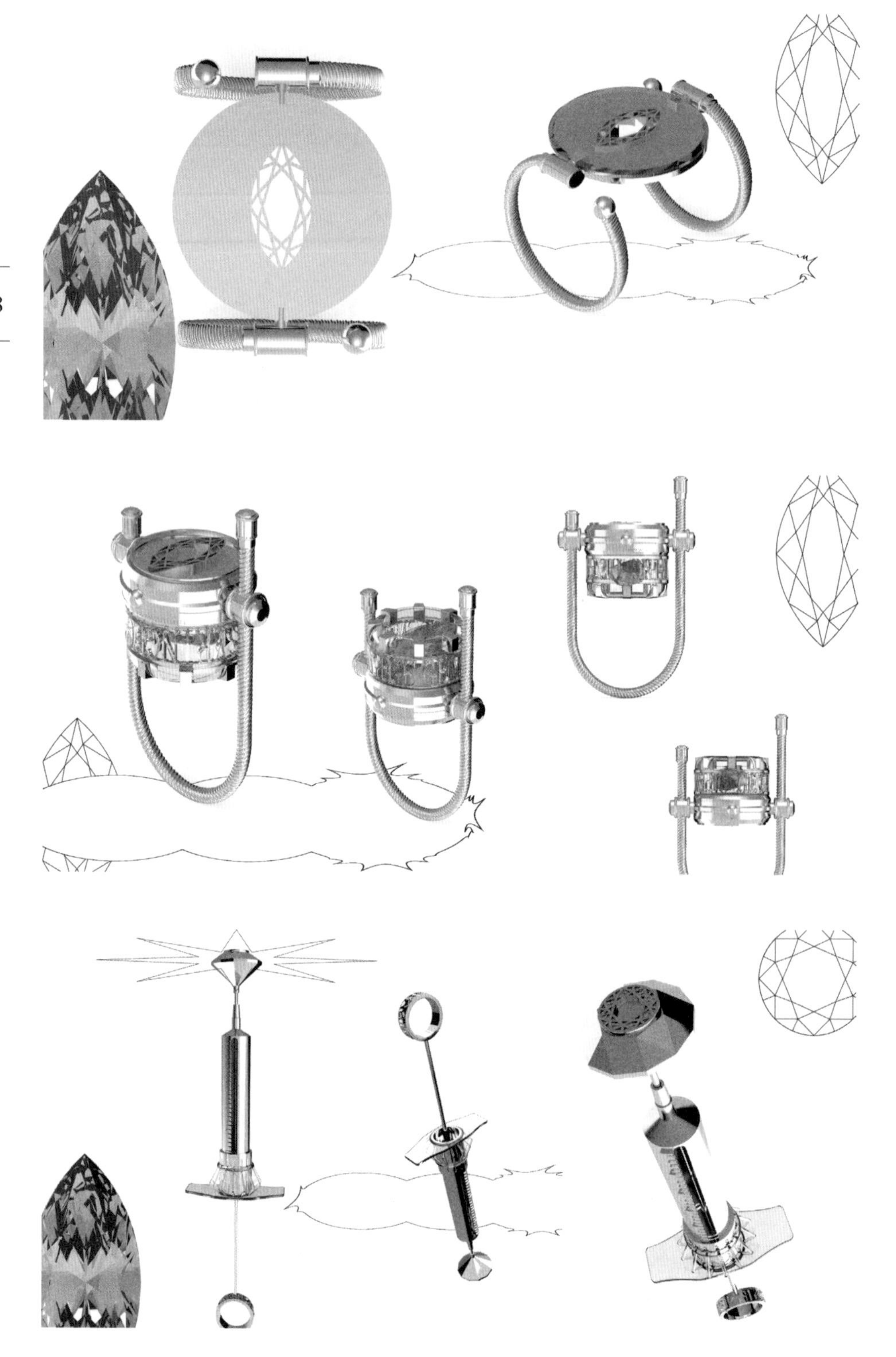

附图13 《身体印章首饰》系列首饰设计过程图与作品图
（设计者：孙汇泽、张博涵、苏亦菲、翁榕）

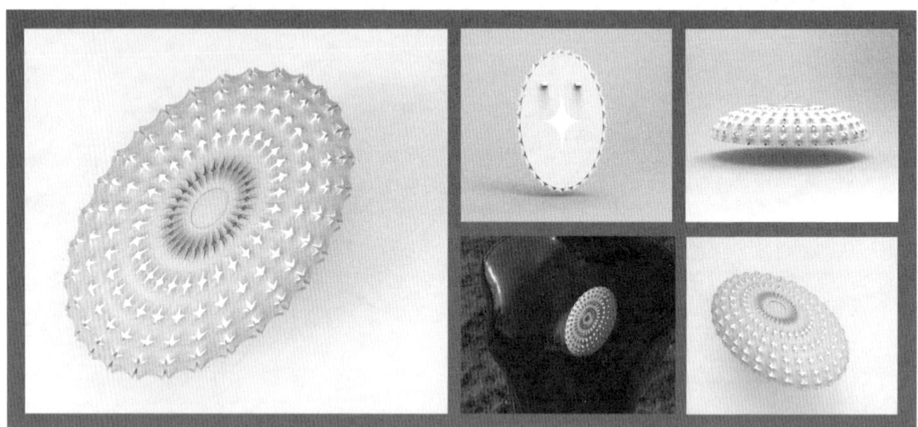

附图14 《再见银河》系列首饰设计作品（设计者：林思妤）

后记　未来素养教育

本书将未来学知识引入设计学研究中，不仅让设计师理解塑造未来的意义，还提供了与未来互动的方法和工具，用于指导设计内容的产出，形成前瞻性的设计实践。瑞尔・米勒（Riel Miller）是提出未来素养的先驱，意在提示人们为进入未知社会景象展开积极的准备，未来素养可以帮助人们更好地通过未来看清现在。

无论是商业机构还是教育组织，都需要为未来社会提前做好准备，积极参与未来的发展走向。将提高未来素养的愿景落实到个体素养层面，应该与宏观的社会发展目标相协调。除了拥有跨学科技能、创造性技能、领导力、数字技能以及公民意识外，未来素养还强调了迎接变革的学习能力。未来素养包括以史为鉴、博古通今的历史思维能力，也包括面向当下积极开展行动的能力，以及面向未来突破固有思路，依靠想象力的加速，探索变革、拥抱改变的能力，从而更好地把未来带到当下。

未来素养的内涵丰富且广泛，包括态度、知识、技能、价值观等内容：第一，态度层面，未来素养的关键组成部分是设计师对未来采取了怎样的态度，显然积极的态度比消极的效果更加有利于创新；第二，能力层面，鼓励设计师积极地参与未来，鼓励使用不同的方法，展开面向未来的设计过程，具备开创未来的行动能力；第三，目标层面，区别于仅解决当下问题的设计诉求，而是具备远见，从而在设计领域获得突破性进展。

在首饰设计过程中开展未来学研究和未来素养教育，是希望能够培养设计师具备面向未来、积极应对不确定性的能力，包括参与未来的行动力以及建设未来的思考力。从未来视角推动首饰设计创新，基于跨领域融合的前沿视野，构建多元化的思辨空间，鼓励设计师通过未来场景的叙事以及对身体多维度的综合探究，驱动设计创造力。

本书希望以首饰作为媒介，构建开放性的创新场景，运用设计创新，主动响应未来，探讨身体穿戴的未来可能性，为尚未到来但终将到来的未来生活注入生机和活力。

致谢

本书撰写得到了北京服装学院领导、产品设计专业（珠宝首饰设计方向）师生的大力支持。感谢北京服装学院的毕业生周晔熙、梁佩怡、郑博文、杨灿赫、陈奕含、刘成思、苏亦菲、翁榕、张灵理、王煜鑫，以及在校生沙睿琬、郑月朗、陈缘圆、麦扬、伊美、孙汇泽、张博涵、龚如意、张涵妮、赵之萱、尹子怡、姜睿、张瑜佳、丁荣杰、谭楚童、梁宇轩、樊潇睿、郑滢潇、何雨、宋希文、邵玉婷、马玥、王亚艺、孙琪、申可新等人，为本书提供了丰富的实践设计案例。

感谢北京服装学院科技处为本书撰写提供的项目支持，也衷心地感谢中国纺织出版社有限公司为本书出版提供的帮助。